现浇磷石膏填充墙 RC 框架结构抗震性能

张逸超　蔡　越　周静海　著
戴绍斌　王　莹

Seismic Behavior of RC Frame Structures
with Cast-in-situ Phosphogypsum
Filled Walls

U0195163

中国建筑工业出版社

图书在版编目（CIP）数据

现浇磷石膏填充墙 RC 框架结构抗震性能/张逸超等著 . —北京：中国建筑工业出版社，2019.4
ISBN 978-7-112-23224-6

Ⅰ.①现… Ⅱ.①张… Ⅲ.①磷石膏-墙体结构-框架结构-抗震性能 Ⅳ.①TU227

中国版本图书馆 CIP 数据核字（2019）第 019671 号

本书第 1 章介绍了研究背景及意义、课题研究现状、目前存在的问题、研究内容；第 2 章建立了现浇磷石膏及砌体填充墙 RC 框架结构有限元模型；第 3 章进行了带现浇磷石膏墙体 RC 框架结构抗震性能研究；第 4 章进行了现浇磷石膏墙体 RC 框架结构周期折减系数研究；第 5 章总结了结论。

* * *

责任编辑：杨 杰
责任校对：王宇枢

现浇磷石膏填充墙 RC 框架结构抗震性能

张逸超 蔡 越 周静海 戴绍斌 王 莹 著

*
中国建筑工业出版社出版、发行（北京海淀三里河路 9 号）
各地新华书店、建筑书店经销
北京红光制版公司制版
北京市密东印刷有限公司印刷
*
开本：787×960 毫米 1/16 印张：7¼ 字数：96 千字
2019 年 4 月第一版 2019 年 4 月第一次印刷
定价：**72.00** 元
ISBN 978-7-112-23224-6
　　（33512）

前　言

　　填充墙等非结构构件的破坏对于生命及财产安全的威胁不容忽视，就结构设计而言，结构抗震对填充墙刚度、延性等也提出了更高要求。轻质加气块、密肋墙板以及现浇石膏墙等高强、轻质、节能墙体的出现解决填充墙抗震性能差问题的同时，做到了节能环保，是适应新时期建筑可持续发展目标的发展性墙材。尤其，现浇磷石膏墙最具创新及发展性。

　　由于现浇磷石膏墙尚处于研发推广阶段，目前研究成果主要集中在磷石膏墙体材料及力学性能研究，抗震性能研究尚无较多的工程实例作为参考，因此，关于磷石膏墙体抗震性能研究仍在探索阶段，所以本课题试图从以下方面着手进行相关有价值的研究。

　　1. 关于现浇石膏尤其磷石膏墙体抗震性能研究成果鲜有见诸报道，无法为结构设计、工程施工提供参考。

　　2. 现有框架填充墙结构建模及研究方法主要集中于砌体填充墙，而相对精细的分离式模型却较为复杂，并未进行有效简化；新型现浇磷石膏墙体的研究方法、模型等尚未完善。

　　3. 结构抗震设计中通过周期折减系数考虑填充墙刚度贡献对结构抗震性能影响，对加气块填充墙框架结构周期折减系数规定，0.6～0.7 的取值范围，却没有相关具体的取值依据；由于现浇墙体尚处于试点推广阶段，现有抗震设计规范中并未针对现浇墙体进行相关周期折减规定。

　　基于此，尝试以砌体墙为基础探索新型墙体建模及理论研究方法，利用有限元数值分析方法，对研发的新型现浇磷石膏填充墙进行抗震性能研究。通过 Abaqus 建立单层单跨现浇磷石膏墙框架结构模型，考虑门洞效应、高宽比、墙材等参数变化调整模型，分别对模型进行低周往复加载，模拟分析地震作用下结构抗震性能，通过砌体墙与现浇磷石膏墙体各项抗震性能指标的对比，更全面探究磷石膏墙体抗震性能；此外，基于结构设计规范及普通框架填充墙结构建立12层现浇磷石膏填充墙框架结构模型，考虑填充率、布置形式等参数变化调整模型，通过模态分析，探究现浇磷石膏填充墙框架结构周期折减系数，细化周期折减系数在不同参数影响下取值标准。

　　本书第1章介绍了研究背景及意义、课题研究现状、目前存在的问题、研究内容；第2章建立了现浇磷石膏及砌体填充墙RC框架结构有限元模型；第3章进行了带现浇磷石膏墙体RC框架结构抗震性能研究；第4章进行了现浇磷石膏墙体RC框架结构周期折减系数研究；第5章总结了结论。由于作者水平有限及教学科研任务繁重，书中难免有疏漏和不当之处，敬请各位读者批评指正。

目　录

第 1 章
绪论

1.1　研究背景及意义

1.1.1　填充墙 RC 框架结构震害

　　RC 框架结构，是以钢筋混凝土梁柱主要受力构件及填充墙、幕墙等非结构构件构成的结构形式。框架结构因其空间布置灵活、容易满足生产工艺及使用要求等特点，广泛应用于商场、工业厂房、公共及民用建筑，如图 1-1 所示。填充墙作为非结构构件，在框架结构中灵活分布，起围护和分隔作用。偏刚性的墙体与偏延性的 RC 框架组合形成一种复杂结构形式[1]。

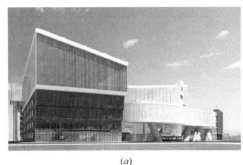

(a)　　　　　　　　　　　　　　　　　　(b)

图 1-1　钢筋混凝土框架结构应用
(a) 福建省天祥商城；(b) 北京市软通动力研发楼

　　结构设计中，考虑填充墙为非结构构件，即只考虑填充墙自重，将其重力作为外荷载施加于框架结构模型上[2]。《高层建筑混凝土结构技术规程》JGJ 3—2010[3]（以下简称《高规 2010》）4.3.16 规定，填充墙框架结构自振周期考虑通过周期折减系数予以折减，以计算各振型地震影响系数，评估非承重墙刚度对结构抗震性能的影响。尽管填充墙在设计中考虑为非结构构件，但实际仍参与分担部分地震作用[4]，框架与填充墙之间相互作用关系较复杂，仍有待深入探究。

近 10 年全球范围发生 7.0 级以上强震超过 203 次，其中包括，中国汶川 8.0 级地震（2008）、智利 8.8 级地震（2010）、日本 9.0 级地震（2011）、伊朗与巴基斯坦交界 7.8 级地震（2013）、尼泊尔 8.1 级地震（2015）等。通过对典型地震的研究总结，发现震中区框架填充墙结构地震破坏较为严重，其中主体结构破坏前，填充墙的撕裂、倒塌是导致人员伤亡及财产严重损失的主要诱因。

框架结构的地震破坏形式主要包括整体破坏形式与局部破坏形式。

1. 整体破坏形式

整体破坏形式按破坏特征包括延性破坏与脆性破坏，按破坏机制可分为梁铰机制和柱铰机制[5]。梁铰机制即强柱弱梁型结构破坏形式，塑性铰首先出现在梁端，梁柱连接形式由刚接转化为半铰接，结构能经受较大的变形，吸收较多的地震能量。相应柱铰机制即强梁弱柱型结构破坏形式，塑性铰出现在柱端，此时结构的变形通常集中于某一薄弱层，整个结构变形较小。结构设计中应用"强柱弱梁"的设计理念避免"柱铰机制"破坏。此外，梁柱设计的差异，有可能出现混合破坏机制，即部分结构出现柱铰破坏，部分出现梁铰破坏。如图 1-2 所示为梁柱铰破坏机制示意图。

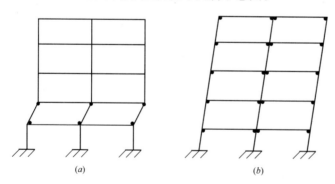

(a)　　　　　　　　　(b)

图 1-2　框架梁柱铰破坏机制
(a) 柱铰机制；(b) 梁铰机制

分析汶川地震，框架填充墙结构在罕遇地震烈度下并未出现抗震设计要求的"梁铰机制"，而是发生大量"柱铰机制"破坏[6]。

2. 局部破坏形式

框架结构的震害集中表现为梁柱节点的破坏，包括构件塑性铰处的破坏，构件的剪切破坏，节点破坏，短柱破坏等。一般是柱重于梁，柱顶重于柱底，边柱和角柱重于中间柱[7]。通常柱体剪跨比较大时主要表现为柱端的弯曲破坏，剪跨比较小时（如楼梯间平台柱等）刚度大，易发生短柱剪切破坏。节点破坏主要由于节点箍筋约束较小，梁柱节点破坏与柱端相互作用而使结构震害加重[8]。如图 1-3 为框架结构梁柱破坏形式。

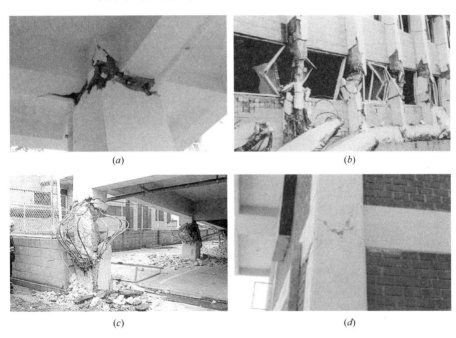

(a)　　　　　　　　　　　　(b)

(c)　　　　　　　　　　　　(d)

图 1-3　框架结构常见破坏形式

（a）柱顶破坏（b）柱底破坏；

（c）角柱破坏；（d）节点破坏

由于结构设计上的某些缺陷，例如在结构中设置大空间、加大层高等，导致结构竖向不连续，出现楼层屈服强度相对较弱的楼层。在强震作用下，框架薄弱层会因水平位移过大而率先出现构件压屈破坏[9]。如图 1-4 所示为框架结构薄弱层破坏图。

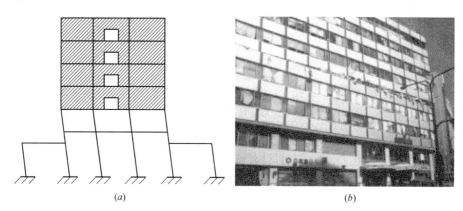

(a)　　　　　　　　　　　　　　(b)

图 1-4　框架结构薄弱层破坏

(a) 底部薄弱层变形；(b) 某框架结构五层倒塌

此外，框架结构非结构构件的破坏也不容忽视，包括填充墙开裂，幕墙坠落等。尤其填充墙、幕墙等非结构构件的破坏，不仅影响框架结构耐久性同时会增加维护成本。尤其在 8 度及以上地区，由于砌体填充墙的刚度大而承载力低，强震作用下填充墙的裂缝迅速开展，严重时可能出现倒塌破坏。一般填充墙底部震害最重，向上逐渐减轻。如图 1-5 所

(a)　　　　　　　　　　　　　　(b)

图 1-5　框架结构填充墙破坏

(a) 汶川某框架结构填充墙破坏；(b) 某框架结构办公楼填充墙破坏

示为框架结构填充墙破坏。

1.1.2　现浇磷石膏墙体

通过对框架填充墙结构地震震害的研究分析可知，除了框架结构整体的震害，非承重填充墙破坏引起的人员及财产损伤亦不容小觑。而随着高层建筑的迅速发展，非承重填充墙的使用日益增长，这要求进行结构抗震设计时应考虑填充墙力学性能及其对框架结构整体抗震性能影响，相应对填充墙材料力学性能及砌筑方式提出了更高要求。

随着框架结构的应用发展，结构对填充墙的需求量日益增大，填充墙的材料以及砌筑形式亦层出不穷。目前我国的墙体材料依据技术性、政策性及经济性三个要素可大致分为淘汰型、过渡型和发展型墙体。三项要素均不符合即为淘汰型墙体，一般指有技术问题、政策不允许且经济性差的墙体。过渡型为某一项要素不符合墙体，如：传统的实心或空心黏土烧结砖消耗耕地资源，已逐渐被政策摒弃。符合三个要素的新型墙体应运而生，如：轻质混凝土砌块、现浇墙板，正逐渐兴起推广。目前国内墙体建材正逐渐由实心或空心黏土砖向新型建材（如轻质砌块、现浇墙板等）过渡。

砌块属于人造石材，一般是由混凝土混合工业废料等制成的大尺寸块材。具有制造简单、施工便利等优点，是区别于传统黏土砖的发展型墙材。根据地方材料及工业废料的不同，砌块可分为石膏砌块、轻集料空心砌块、蒸压加气混凝土砌块以及装饰混凝土小型空心砌块等[10]。

由于砌块制造简单、施工速度相较于黏土砖有明显优势，符合发展型墙材要求，因此很快在建筑结构中应用推广。但其对结构抗震性能提升不大且震害相对砖砌体更严重，又受砌筑技术及人工的影响，砌筑质量难以保证。

在国家抗震规范和节能政策引导下，我国学者针对砌块施工砌筑较慢、质量难控制的特点，结合市场对建筑降耗的需求，进行了深入的墙体研发工作，结构节能一体化墙体应运而生[11]。

结构节能一体化技术，是指兼顾结构承载、围护与节能保温功能且无需再通过外墙保温等方式即可达到节能标准的技术[12]，一体化墙体兼具节能、抗震的优点，且能保证节能保温与墙体承载、围护同寿命，属于发展型墙材。

目前相对成熟的结构节能一体化墙材包括 CL 墙体、FS 外模板现浇混凝土复合保温墙体、SK 装配式自保温墙板、夹芯复合墙、自保温砌体墙、CS 墙板、密肋轻型壁板以及钢筋混凝土叠合板等[13]。其中 SK 装配式自保温墙板、夹芯复合墙、自保温砌体墙、CS 板、密肋轻型壁板包括承重与非承重墙体，可单独作为填充墙应用于框架结构体系。

山东建筑大学牵头研发的 SK 装配式墙板自保温墙板由非承重墙板与保温、隔声材料组成，按不同作用及安装位置包括装配式自保温外墙板 SK-A、内墙板 SK-B、隔声内墙板 SK-C、阳角板 SK-L 等[14]。如图 1-6 所示为 SK 装配式墙板施工图。

(a)   (b)

图 1-6　SK 装配式墙板施工图
（a）外墙板施工现场；（b）内墙板施工现场

SK 装配式墙板是在空腔混凝土墙体内预埋镀锌钢丝网形成的结构节能一体化墙材。如图 1-7 所示为 SK 装配式墙板示意图，墙体空腔内可填充不同材料以满足不同地区结构保温、隔声需求；墙板选取基本遵循"内墙隔声，外墙保温"的原则，采用不同类型的 SK 墙板。

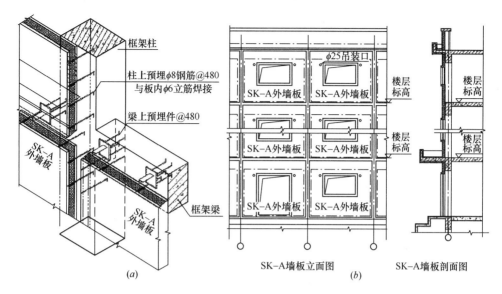

图 1-7 SK 装配式墙板

(*a*) SK 装配式墙板构造图；(*b*) SK 装配式墙板结构施工图

夹芯保温复合墙是以空心砌块砌筑的两片墙体内铺设保温层组成的复合墙体[15]，如图 1-8 夹芯复合墙保温墙体。墙体具有保温隔热、抗震性能好、耐久性强等优点，可作为多层框架、框剪结构墙体推广应用。

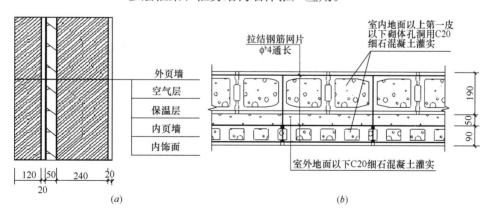

图 1-8 夹芯复合墙保温墙体

(*a*) 夹芯保温复合墙体示意图；(*b*) 外墙夹芯保温复合墙体构造图

CS 板是由天津大学在美国 TID 板（钢丝网架夹芯板）

基础上研发的一种集围护、节能、隔声一体化的新型建筑构件[16]。如图 1-9 为 CS 墙板结构示意图。CS 墙板是通过在钢丝网架内铺设泡沫板、岩棉板等材料，外侧涂抹细石混凝土形成新型墙材。CS 板工厂化、施工装配化程度较高，适合推广应用于装配式结构中。目前，CS 板已在京津冀及其辐射地区近 300 万 m² 公共及民用建筑中推广应用。

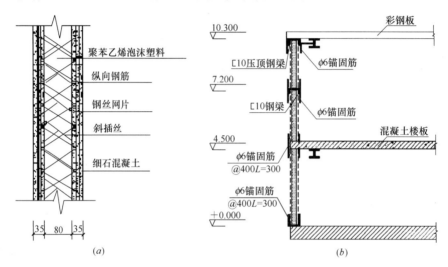

图 1-9　CS 墙板结构示意图
（a）CS 墙板构造；（b）CS 墙板结构施工图

　　密肋壁板结构由西安建筑科技大学研发的一种结构节能一体化墙体，因其轻质高强、抗震、节能的优点，被纳入国家重点推广计划。如图 1-10 所示为密肋壁板结构示意图。

　　密肋壁板结构主要通过密肋复合墙板与连接柱、暗梁等装配而成[17~18]。密肋复合墙板作为结构技术关键，通过在混凝土梁柱区格内混合浇筑混凝土、工业废料及保温材料而成。如图 1-11 为密肋壁板结构生产及施工图。

　　密肋墙板因其施工速度快、质量易把控、轻质、高强、节能的特点在全国逐渐推广应用。但是，由于其构造相对复杂，导致其大范围应用受到限制。

　　纤维石膏速成墙板结构体系，是由天津大学与山东建工集团在澳大利亚石膏速成墙板基础上研发而成，该结构工业

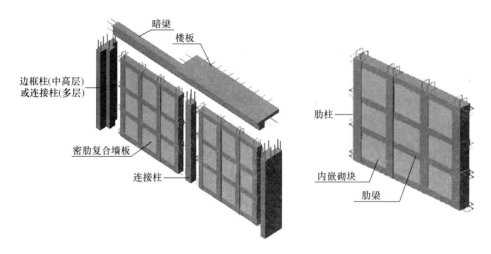

图 1-10 密肋壁板结构示意图

(a)   (b)

图 1-11 密肋墙板生产及施工现场图
(a) 密肋墙板生产线；(b) 密肋墙板施工

化程度高、工期短，得益于山东境内丰富的天然石膏矿资源迅速在山东及周边省份推广。纤维石膏速成墙板充分利用石膏快速固化、防火性好的特点[19]，开拓了石膏资源在建筑结构中的应用前景，对节能、环保、可持续发展目标的实现具有重要意义。如图 1-12 为纤维石膏速成墙板，墙板主体为由纤维石膏浇筑而成的空腔大板。

但由于纤维石膏墙板抗剪刚度较差，仅限于多层小开间住宅，且受高造价，运输、安装困难等问题限制难以推广。

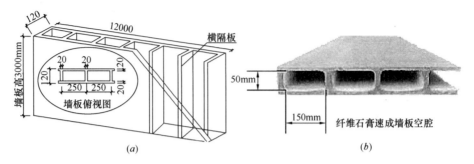

图 1-12　纤维石膏速成墙板

(a) 纤维石膏速成墙板构造图；(b) 纤维石膏速成墙板空腔

　　针对石膏墙板运输、安装困难的问题，以贵州大学马克俭院士为代表的贵州大学空间结构研究中心提出了一种新型现浇磷石膏填充墙[20]。如图 1-13 为现浇磷石膏填充墙构造图。

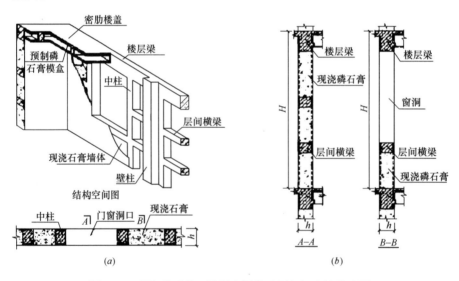

图 1-13　现浇磷石膏—混凝土网格式框架组合墙构造图

(a) 横剖面；(b) 竖剖面

　　现浇石膏墙是以磷石膏为主，加入粉煤灰、生石灰等原料，在施工现场支模搅拌、浇注入模成型，经自然干燥形成的轻质节能石膏墙体[21]。如图 1-14 为现浇磷石膏填充墙施

(a)　　　　　　　　　　　(b)

图 1-14　现浇磷石膏填充墙施工图

(a) 现浇磷石膏填充墙浇筑；(b) 现浇磷石膏填充墙模板

工图。

施工速度一般较传统建材提高 3 倍以上，相比传统填充墙具有突出优势：

1. 墙面平整：现浇磷石膏墙面细腻平整，无需抹灰即可满足实际使用需求。

2. 安装便捷：磷石膏墙体可以切割、钉锯而基本不影响结构强度，方便施工铺设管线。

3. 施工倍速：可在石膏腻子刮平后，直接作涂料、壁纸等饰面，或直接用陶瓷墙等，加快施工速度 3 倍以上。

4. 价格优势：价格优于一般填充墙砌块，每平方米造价低于传统黏土砖墙或砌块价格，降低工程造价 20% 以上。

此外，现浇填充墙相比普通填充墙具有良好的保温、抗震、隔声、防火等优点[22]，具有良好的应用前景。目前，现浇磷石膏填充墙在贵州已开展试点工程并逐步向贵州及周边省份推广。如图 1-15 所示为贵州瓮福磷矿十二层职工住宅。

该工程是国内首栋应用现浇磷石膏墙体的住宅，开拓了现浇磷石膏在建筑结构中的应用前景。由于该住宅楼板、外墙、内墙均采用石膏材料，发挥了石膏吸湿性强的优点，增强了结构湿度调节能力，被称为可以"呼吸"的建筑，该工程一经推出便广受好评，引起国内外建筑工程领域广泛

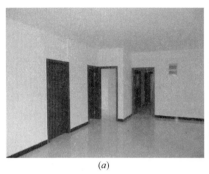

（a）   （b）

图 1-15　瓮福磷矿十二层职工住宅

（a）瓮福磷矿十二层职工住宅；（b）瓮福磷矿十二层职工住宅

关注。

　　由于建筑石膏墙体吸湿性强，但耐水性、抗冻性较差，建筑石膏墙体吸收水分过多会使石膏墙体强度降低[23]；若吸水受冻，孔隙水膨胀会导致墙体破坏，故此，磷石膏墙体防水问题的解决是墙体得以推广应用的关键。武汉理工大学戴绍斌教授就磷石膏墙材的深化、保温性能的提升、施工工艺的改进以及防水垫层的引入进行了深入的研究并提出了改进的新型带防水垫层的现浇磷石膏填充墙，如图 1-16 带防水垫层现浇磷石膏填充墙。

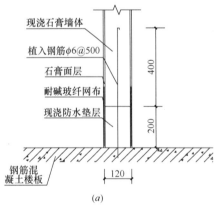

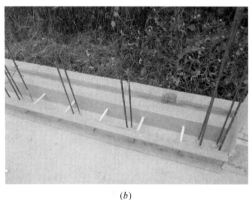

（a）   （b）

图 1-16　带垫层现浇磷石膏墙体

（a）带垫层现浇磷石膏墙体示意图；（b）现浇磷石膏墙体防水垫层构造

新型带防水垫层的现浇磷石膏填充墙相较于一般现浇磷石膏填充墙，提出防水垫层的概念，对于在防潮层以下部位或长期处于浸水或化学侵蚀环境下的石膏墙，采取在石膏墙底部设置高度为 100～300mm 现浇防水垫层。垫层采用混凝土或其他防水材料浇筑而成；对有防水要求的房间墙体内侧应采取防水砂浆抹灰等有效的防水措施。如此，有效解决了磷石膏墙体防水问题，新型现浇磷石膏墙体目前作为非承重内墙在试点工程推广。

此外，新型现浇磷石膏墙体通过外加引气剂，在墙体内部产生气泡，使得墙体保温效果进一步提升。引气剂加入比例的不同，气泡数量不同，相应的墙体保温效果与容重有所不同。磷石膏墙体按容重不同划分为 M07、M08、M09、M10、M11、M12 六个容重级别，细化了磷石膏墙体的应用场景。

新型现浇磷石膏墙体不仅继承了一般现浇磷石膏墙体高强、抗震、节能、施工速度快、造价低等特点，同时做到防水、保温效果提升以及按容重细化应用场景等特点，更便于工程应用与推广。

1.2　研究现状

关于填充墙力学性能及其对框架结构抗震性能影响，国内外学者已进行了大量深入研究工作。其中国内哈尔滨工业大学谢礼立院士、贵州大学马克俭院士以及武汉理工大学戴绍斌教授等就迭代更新的新型填充墙结构抗震性能进行了深入研究。

1.2.1　试验及简化模型研究

框架结构震害除了结构震害外，非结构构件的震害也是影响结构安全性、耐久性的主要因素。

国内外学者自 20 世纪 50 年代就通过理论及试验结合方式开展了关于填充墙平面内、外抗震性能相关研究工作，对结构简化模型、传力路径、破坏形式等多方面进行了深入研究。其中在填充墙框架结构试验研究方面，已取得突破性成果。

Benjamin（1958）[24]等率先对单榀足尺框架结构开展了相关试验及理论研究工作。Mallick（1968）[25]等在 Benjamin 基础上深入研究，试验结果显示填充墙的刚度贡献对框架结构刚度及其抗震性能有一定影响。Fiorato（1970）[26]等通过试验研究，探讨了框架柱塑性铰位置及门洞效应对塑性铰影响，明确指出填充墙支撑作用对框架结构内力分布的影响。尹之潜（1977）[27]率先对一个七层框架结构进行模拟地震试验，指出墙体与框架结构承担水平荷载与两者刚度相关。Liauw 和 Kwan（1983）[28]通过缩尺模型试验，研究了填充墙框架结构破坏形式并总结出墙体塑性破坏机理。童岳生（1982）[29]等通过对单榀砖砌体墙框架结构抗震性能分析，探究了结构刚度退化规律、破坏机理，并拟合出框架结构抗侧刚度及抗剪强度计算方法。Dawe（1989）[30]等通过对足尺砌体填充墙钢框架结构的平面外加载试验，研究了墙厚、门洞效应及灰缝配筋等因素对填充墙钢框架结构平面外抗震性能影响。Angel（1994）[31]首次通过 1∶2 缩尺试验，针对墙体开裂引起的墙体刚度退化对结构承载力的影响进行了对比分析，认为墙体开裂引起结构整体刚度退化，导致结构承载力明显降低，并提出了填充墙简化模型对角斜撑模型。曹万林（1995）[32]通过 1∶3 缩尺试验，研究了异形柱框架结构在水平周期往复作用下结构抗震性能，拟合出结构弹性阶段层刚度计算公式。Ghassan（2002）[33]等通过对单层框架结构试验，探究填充墙与框架结构传力路径及相互影响机制，认为框架结构的承载力及破坏形式受填充墙刚度、尺寸等参数影响较大。管克俭（2003）[34]等开展了空腔复合填充墙作用下钢框架结构抗震性能影响的研究工作，探究了空腔结构复合填充墙对结构的影响机制。戴绍斌（2005）[35]等通过试验研究与数值分析结合，深入研究了加气块填充墙对钢框架结构体系抗震性能影响机制及规律。银英姿

(2009)[36]针对填充墙刚度效应引起的矩形钢管混凝土框架结构刚度、承载力的变化进行了相关试验研究工作。郭子雄、黄群贤（2010）[37]等通过低周往复荷载试验模拟结构受地震作用，研究了楼板与墙体共同作用下 RC 框架结构抗震性能。马克俭、卢亚琴（2012）等对现浇石膏外墙 RC 筒中筒结构抗震性能及破坏形式进行了相关研究，发现现浇石膏墙体有助于大幅度提升结构抗震性能。谢礼立院士（2011~2013）[38~40]等对轻质砌块填充墙 RC 框架结构抗震性能进行试验及有限元分析，提出了拓展组合块建模方法即考虑了砂浆的因素，同时简化了模型，是一种简便有效的分离式建模方法。杨庆山、郭庆生（2013）[41]等通过试验及有限元分析对带填充墙刚交错桁架结构抗震性能及屈服机制进行了研究。

在框架结构理论模型研究方面，国内外学者也取得了诸多建设性成果。

Polykaov（1956）[42]通过对框架结构抗震性能的理论分析及试验研究，发现在墙体非加载侧的对角区域出现墙体与框架结构分离，如图 1-17（a）所示，框架与填充墙之间的应力主要通过对角"带状"受压区墙体传递，这种传力机理类似桁架结构对角压杆只受压力，不受拉力的特点，由此提出了经典等效对角斜撑模型，如图 1-17（b）所示。

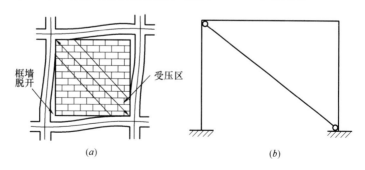

框墙脱开　　受压区

(a)　　　　　　(b)

图 1-17　填充墙框架结构受力变形图及简化模型

(a) 填充墙框架结构受力变形示意图；(b) 等效对角斜撑模型

对角斜撑模型一定程度上反映了框架与填充墙之间的传

力路径、接触形式、相互作用机理。由于模型形式简单，便于理论分析，得到后续多数学者的认同，对该模型进行了大量深入的优化研究。

Holmes（1961）[43]通过 13 个缩尺试件在水平及竖向双向荷载共同作用下的试验及分析计算，提出考虑填充墙的厚度和高宽比影响确定有效宽度，并根据试验及理论分析给出了有效宽度建议值取填充墙对角线长度的 1/3。而后 Stafford Smith（1962~1969）[44]通过对相对较小钢框架模型力学性能研究，提出通过框架与填充墙刚度比计算等效斜撑的宽度，并对斜撑有效宽度进行修正，建议取填充墙对角线长度的 0.1 到 0.25 为斜撑有效宽度，Stafford Smith 指出填充墙与框架的连接方式、斜撑宽度与结构受力状态密切相关，并非确定不变值。

Mainstone（1971）[45]等基于试验提出了等效宽度的计算公式 $w = 0.175\lambda_h^{-0.4}d$，其中 d 代表墙体对角线长度，λ_h 为框架与填充墙刚度比。Bazan（1980）[46]等通过数值分析确定了填充墙斜撑有效宽度取值表。Doudoumis（1986）[47]通过引入新规则考虑了周期荷载作用下填充墙墙体刚度退化下填充墙斜撑有效宽度的计算。Saneinejad 和 Hobbs（1995）[48]、Roger D Flanagan（1999）[49]相继对等效斜撑模型进行优化及计算，得到斜撑修正后有效宽度的经验公式和建议值 Buonopane（1999）[50]和 Wale（2003）[51]在等效斜撑模型基础上分别提出考虑门洞效应的斜撑模型及三角撑模型，如图 1-18 改进的等效斜撑模型。而后，Crisafulli（2007）[52]在 Wale、Mohamed 等人基础上又发展为可考虑循环荷载作用的多斜撑模型。

目前，除了业界较为认同的等效斜撑及其改进模型，还有包括整体简化模型、等效平面框架模型、并联简化模型、刚域桁架模型等有益的探索。

刘耀新（1983）[53]基于理论分析及试验研究，建立了整体简化模型。认为墙体与框架结构未脱离前，两者协同工作，结构可简化为有不同材料属性的整体模型，当墙体开裂

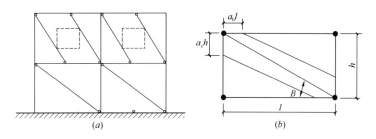

图 1-18　改进的等效斜撑模型

（a）考虑门洞效应的等效斜撑模型；（b）考虑门洞效应的等效斜撑模型

或两者发生滑移，该简化模型存在较大偏差且模型无法进行弹塑性以及变形分析。

Thiruvengadam V.（1985）[54]通过试验及理论分析，提出了等效平面框架模型，如图 1-19（a）所示为等效平面框架模型。等效平面框架模型类似框架剪力墙结构中的空间杆模型，考虑结构在填充墙开洞状态下，墙体简化为柱子部分，而将其与相连的梁，处理成带刚域的梁。但该模型有较大的局限性，只能用于中间开孔的墙体，其他如门以及两侧开孔的窗洞无法应用该模型进行分析计算。

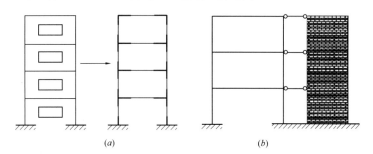

图 1-19　填充墙框架结构简化模型

（a）等效平面框架模型；（b）并联简化模型

曹万林（1995）[55]等针对刘耀新教授整体简化模型无法应用于墙体与框架出现裂缝时的问题，开展相关模型试验及理论分析，提出了并联简化模型。如图 1-19（b）认为在墙体与框架出现相对滑移或脱离时，结构可近似看作两种不同材料通过链杆连接而成的并联体系，结构的强度、刚度由两者组合叠加。但该模型仅适用于墙体与框架出现相对滑移或脱离时结构模型简化。

在试验研究及理论分析方面，填充墙框架结构抗震性能研究，目前主要集中于砌体填充墙框架结构平面内、外破坏形式及抗震性能影响因素分析。关于现浇石膏墙尤其是磷石膏墙体抗震性能研究鲜有见诸报端，主要由于现浇磷石膏墙体尚处于研发推广阶段，相关研究工作尚在开展。但是砌体墙框架结构抗震性能研究成果对开展现浇磷石膏墙体框架结构抗震性能研究工作有一定借鉴意义。

1.2.2　有限元模型研究

研究证明，通过简化模型对框架填充墙结构力学及抗震性能进行分析是一种行之有效的方法，但是随着结构体量的增大，抗震分析计算量已超出人工计算的范围。20 世纪 50 年代末 60 年代初，有限元分析逐渐在土木工程领域应用，针对填充墙框架结构的有限元模型研究也应势展开。

框架填充墙结构有限元模型主要分为微观模型与宏观模型。宏观模型通常指斜撑杆模型，撑杆模型对结构进行了高度简化，便于建模与计算，但是对于结构模拟的精细化不够，因此，国内外学者利用有限元计算体量大、速度快的优势，继续对框架填充墙结构进行深入精细化建模研究。

Edward L. wilson 及 Ray W. Clough（1958～1963）[56]首先开始进行有限元在土木工程中应用的研究工作，编写了一个平面框架的非线性分析程序，实现了对简单框架结构的应力、应变计算。Riddington（1977）[57]等突破性采用弹性有限元模型对砌体墙 RC 框架结构进行模拟，考虑了墙体与框架之间的接触关系及连接形式，但是该模型仅限于弹性分析。EI Haddad（1991）[58]通过对模型的优化，考虑了墙体裂缝、结构尺寸以及墙体与框架之间的接触，实现了框架填充墙结构的非线性分析，但是模型并没有考虑砂浆的粘结作用。刘建新（1994）[59]提出了墙元简化模型，通过将墙体与框架四角铰接的连接形式考虑两者之间的相互作用关系，但是铰接处理为点接触无法考虑墙体与框架之间的接触面积，对于结构实际受力模拟并不准确。针对砂浆粘结力的模拟，Asteris（1996）[60]提出"接触点"的处理方法，有效考虑了砂浆粘结力作用，但是该模型仅局限于弹性阶段的动力分析。随后，Mehrabi（1997）[61]基于试验研究结果，提出了内聚性的膨胀接触单元以模拟砂浆黏聚力作用，模拟效果较好，但是形式过于复杂不便推广应用。国内，谢礼立、翟长海（2009）等基于传统分离式建模方法，提出了组合砌块的建模方法，如图 1-20 所示，通过将填充墙砌块与其周边的一半厚度砂浆作为一个组合砌块，砌块之间的接触关系，通过面面接触对模拟，考虑砌块之间摩擦及砂浆贡献的黏聚力。简化了分离式建模的工作量及计算量，同时能够保证较精确的模拟砌体墙及墙体与框架之间的相互作用关系，可应用于框架填充墙结构抗震性能分析。

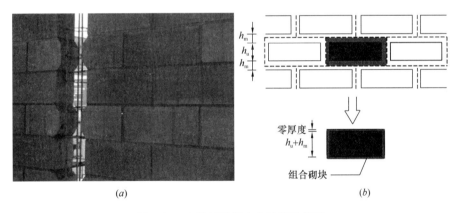

(a)　　　　　　　　　　　　　　　　　　　(b)

图 1-20　砌体墙及组合砌块简化模型

(a) 砌体墙构造图；(b) 组合砌块示意图

综上，框架填充墙结构建模的重点及难点均在于填充墙的建模，具体体现在砌块之间砂浆层黏聚力难以准确描述或者描述方式过于复杂，墙体与框架之间的接触关系及连接形式也较为复杂。目前，解决方案可总结为两类：整体式建模与分离式建模。整体式建模，忽略砌块之间砂浆层的作用，而是考虑砌块组成的砌体为一整体，具有相同的材料属性，这种处理方式相对简化，但也不够精细，通常适用于大体量结构复杂的体系。分离式建模则相对更细致，砌块单独建模并考虑砂浆层的影响，过程相对复杂，但是也更符合实际情况。而在考虑墙体与框架梁柱之间的相互作用关系时，相对简化的方式有绑定连接或者铰接，但均无法准确模拟墙体与梁柱接触形式及接触长度。较为细致的方法，考虑砂浆的黏聚力与摩擦力，通常应用于结构精细化分析。

1.3　目前存在的问题

通过对研究背景的梳理以及研究现状的总结和分析可以看出，填充墙等非结构构件的破坏对于生命及财产安全的威胁不容忽视，就结构设计而言，结构抗震对填充墙刚度、延性等也提出了更高要求。轻质加气块、密肋墙板以及现浇石膏墙等高强、轻质、节能墙体的出现解决填充墙抗震性能差问题的同时，做到了节能环保，是适应新时期建筑可持续发展目标的发展性墙材。尤其，现浇磷石膏墙最具创新及发展性。

由于现浇磷石膏墙尚处于研发推广阶段，目前研究成果主要集中在磷石膏墙体材料及力学性能研究，抗震性能研究尚无较多的工程实例作为参考，因此，关于磷石膏墙体抗震性能研究仍在探索阶段，所以本课题试图从以下方面着手进行相关有价值的研究。

1. 关于现浇石膏尤其磷石膏墙体抗震性能研究成果鲜有见诸报道，无法为结构设计、工程施工提供参考。

2. 现有框架填充墙结构建模及研究方法主要集中于砌体填充墙，而相对精细的分离式模型却较为复杂，并未进行有效简化；新型现浇磷石膏墙体的研究方法、模型等尚未完善。

3. 结构抗震设计中通过周期折减系数考虑填充墙刚度贡献对结构抗震性能影响，对加气块填充墙框架结构周期折减系数规定，0.6～0.7 的取值范围，却没有相关具体的取值依据；由于现浇墙体尚处于试点推广阶段，现有抗震设计规范中并未针对现浇墙体进行相关周期折减规定。

1.4　研究内容

由于新型现浇磷石膏墙体尚处于研发推广阶段，关于框架结构抗震性能研究主要集中于砌体墙框架结构。但是，随着国家对可持续发展的逐步引导以及建筑墙材的发展，类似密肋楼板、现浇磷石膏墙体等高强、节能的装配式、现浇式墙体逐渐凸显出安全性、经济性优势，并已成为建筑墙体的发展趋势。针对高强、节能的装配式、现浇式墙体的试验及理论研究工作，不仅能够指导结构抗震设计，同时可以作为理论支撑，推动新型墙体应用、推广。

基于此，尝试以砌体墙为基础探索新型墙体建模及理论研究方法，利用有限元数值分析方法，对研发的新型现浇磷石膏填充墙进行抗震性能研究。通过 Abaqus 建立单层单跨现浇磷石膏墙框架结构模型，考虑门洞效应、高宽比、墙材等参数变化调整模型，分别对模型进行低周往复加载，模拟分析地震作用下结构抗震性能，通过砌体墙与现浇磷石膏墙体各项抗震性能指标的对比，更全面探究磷石膏墙体抗震性能；此外，基于结构设计规范及普通框架填充墙结构建立 12 层现浇磷石膏填充墙框架结构模型，考虑填充率、布置形式等参数变化调整模型，通过模态分析，探究现浇磷石膏填充墙框架结构周期折减系数，细化周期折减系数在不同参数影响下取值标准。

主要研究工作如下：

1. 对于填充墙模型，采用整体式建模方法进行现浇磷石膏墙体建模，采用"组合砌块"分离式建模方法进行加气块填充墙框架结构建模，墙体与框架梁柱之间的连接用 cohesive 单元模拟，考虑门洞效应、高宽比等参数变化调整模型；

2. 对于整体填充墙框架结构模型，RC 框架采用分离式建模，墙体采用整体式建模，钢筋骨架、混凝土及墙体单独建模后组合在一起，考虑填充率、布置形式等参数变化调整模型；

3. 对单榀填充墙框架模型水平低周往复加载以结构受模拟地震作用，利用 Abaqus 进行模型求解，对比加气块填充墙框架结构与现浇磷石膏墙框架结构抗震指标，研究现浇磷石膏填充墙对框架结构抗震性能影响；

4. 对整体填充墙框架结构及空框架结构模型进行模态分析，计算得出填充墙框架结构在墙材、填充率、布置形式等参数调整时的周期折减系数，细化周期折减系数在不同参数影响下的取值标准。

第 2 章
现浇磷石膏及砌体填充墙
RC 框架结构有限元模型

随着有限元分析在土木工程领域的应用与发展，大体量结构体系抗震性能分析得以借助计算机实现，如此解决了试验由于人力、物力或其他因素限制造成试验准确性干扰问题，同时数值分析结果对于试验研究设计、开展也具有一定参考价值。合理精细的有限元模型是实现抗震分析的基础，填充墙框架结构有限元模型包括宏观模型与微观模型，类似对角斜撑模型即为宏观模型，对于结构建模进行了相对深度的简化，从而节省了建模工作量，大大提升了计算速度。但是大刀阔斧的简化也存在模型不够精细，与试验数据不够吻合等问题，对于要求相对精细的分析工作基本不适用。而填充墙框架结构有限元模拟较为复杂，包括框架主体钢筋骨架与混凝土的分离式建模，墙体与梁柱之间的接触以及砌体墙砌块之间黏聚力、墙体破坏形式的模拟都是难点。因此，需要借助相对精细化有限元平台进行微观建模。本书利用 Abaqus/Standard 分析平台，对现浇磷石膏及加气块填充墙框架结构进行离散化建模，以实现更为精准的抗震性能分析。

2.1　磷石膏及砌体填充墙 RC 框架结构有限元模型

2.1.1　RC 框架结构建模

本书结构模型采取离散化建模，将磷石膏及砌体填充墙 RC 框架结构拆解为 RC 框架结构与填充墙分别建模，而后再进行连接组合。RC 框架结构由钢筋与混凝土两种不同材料组合而成，其建模方法包括整体式、组合式和分离式建模。

整体式建模，假设钢筋与混凝土之间粘结良好，将钢筋弥散于混凝土中[62]，钢筋混凝土等效简化为一种均匀连续介质，材料属性采用钢筋与混凝土组合材料属性，作为一整体进行网格划分，忽略了两者之间的相互作用，处理相对粗糙，适用范围也相对较小。

组合式建模，假设钢筋混凝土之间粘结良好无滑移，如图 2-1 所示，钢筋以 rebar layer（钢筋层）的方式以某一定角度 θ 分布于混凝土，通常采用分层组合。

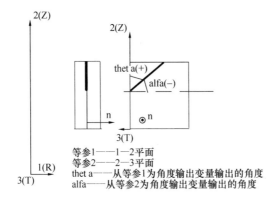

图 2-1　rebar layer 组合建模示意图

分离式建模，包括两种，一种方法考虑钢筋与混凝土之间的滑移，钢筋混凝土单独建模，中间通过连接单元模拟两者之间作用关系，其中连接单元采用单元嵌入技术嵌入，如图 2-2 所示为单元嵌入技术示意图。通过将连接单元嵌入到主单元内部，嵌入单元平动自由度受制于主单元即嵌入单元自由度仅局限于主单元界限内部。该模型适用于研究钢筋混凝土构件层面相互关系及破坏形式，对于类似框架填充墙整体结构抗震性能分析显然过于复杂，且计算量偏大。本书采用另一种分离式建模方法，假设钢筋与混凝土之间连接良好即不考虑两者之间的滑移效应，采用实体单元模拟混凝土，

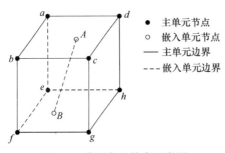

图 2-2　单元嵌入技术示意图

忽略钢筋的抗剪作用，采用线性单元模拟钢筋骨架，并赋予构件相应材料属性，利用嵌入命令，将两种材料耦合为一整体。

2.1.2　磷石膏及砌体填充墙建模

砌体是由砖石砌块组合砂浆砌筑而成的砖石结构。砌体的模拟包括砌块、砂浆以及砌块与砂浆之间黏聚力的模拟，模型相对复杂，对于砌体破坏形式尤其是裂缝的模拟较为困难。因此，模型对于实际砌体墙模型进行了不同程度的简化。目前，应用较广泛的建模方式即整体式及分离式建模。如图 2-3 所示为常见的砌体墙模型示意图。

整体式建模，如图 2-3（a）忽略了砂浆的连接作用，考虑砂浆与砌块组成的砌体为一种连续均匀的材料，整体建模并赋予结构相应的材料属性。由于模型未考虑砂浆，以及砌块之间的粘结，因此，对于砌体破坏形式尤其裂缝的模拟难以实现，具有一定局限性。

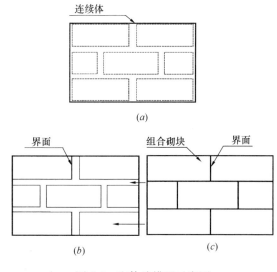

图 2-3　砌体墙模型示意图

（a）整体式模型；（b）分离式模型；（c）组合砌块模型

分离式建模，建模更为精细化，细致考虑了砌块之间黏聚力的模拟，通过砌块单独建模后装配，随后定义砌块之间的相互连接关系。如图 2-3（b）砌块之间黏聚力的模拟，传统方法考虑利用弹簧单元、cohesive 单元等单元模拟砂浆，由于砂浆贡献的黏聚力并非单纯的线弹性变化规律，cohesive 单元提供的牵引力—分离模型能够相当准确模拟砂浆本构，如图 2-4 为牵引力—分离模型。

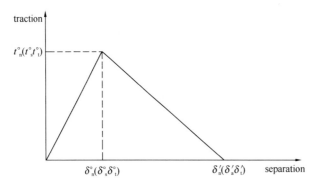

图 2-4　牵引力—分离模型

　　虽然 cohesive 单元能够较准确模拟砂浆，但是砌块、砂浆分别建模再装配、定义属性，建模复杂且计算量较大。哈尔滨工业大学谢礼立、翟长海等（2009），提出的组合砌块分离式建模法，有效简化模型的同时，保证了计算的精确性，是一种优点突出的分离式建模方法。如图 2-3（c）所示，组合砌块模型考虑将砂浆的厚度均匀分布到周围砌块中即砂浆两侧的砌块各拓展 1/2 砂浆厚度，砂浆与砌块组成组合砌块，组合砌块材料属性采用砌块与砂浆组合体即砌体复合材料特性，砌块之间以及砌块与四周梁柱之间相互作用通过牵引力—分离界面接触模型进行模拟，界面接触模型将在下文详细介绍。

　　本书在关于加气块填充墙框架结构抗震性能分析中，需要较为细致地分析砌体墙的破坏机制，综合现有建模方法及实际计算要求，本书在进行加气块填充墙框架结构抗震性能分析中，采用分离式建模进行加气块填充墙的建模；在框架填充墙结构周期折减系数的研究中，需要对整栋框架结构进行模态分析，并不关注砌体的破坏形式，因此，在整栋 RC框架填充墙结构的建模过程中，砌体墙的模拟采用整体式建模方法。由于现浇磷石膏墙体，墙体浇筑为一整体，进行抗震性能及周期折减系数分析中均采用整体式建模方法。

2.1.3 墙体—框架相互作用

确定了框架及填充墙的建模方法后，需要进行两者的单独建模及装配、连接。而结构建模首要考虑模型单元的选取，基于精度要求与收敛速度两方面的考虑，目前应用与接触分析中较常用的有 C3D8R 线性缩减积分单元与 C3D8I 非线性积分单元，如图 2-5 所示，C3D8R 单元仅在单元中心有一积分点，比普通完全积分单元在各个方向上少用一个积分点[63]，具有位移求解精确、计算时间短、不易出现剪切自锁现象以及不受网格扭曲变形影响的优点。C3D8I 是基于 C3D8 的改进非线性积分单元，克服了 C3D8 单元无法应用于接触分析及 C3D8R 在应力集中位置无法精确求解的问题，保证与 C3D8R 相同位移计算精度的同时，能够较好的计算结构的应力行为，满足本书应力应变研究要求，因此本书选取 C3D8I 模拟砌块、磷石膏墙体以及混凝土构件。由于钢筋基本无法抗剪、抗弯，故建模过程中忽略钢筋抗剪作用，采用三维线性杆单元 T3D2 模拟钢筋。

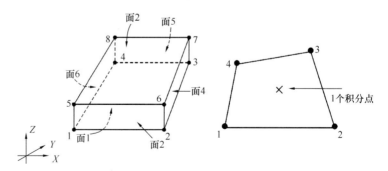

图 2-5 C3D8R 单元节点与积分点示意图

根据选定的模型单元及建模方法实现了框架、填充墙的精细化建模，而后考虑装配、连接。RC 框架与墙体之间的相互作用关系复杂，两者主要通过摩擦力以及砂浆提供的粘结力连接。因此，也采用界面接触模型进行模拟。又 Andreas Stavridis（2010）[64]的研究成果显示，RC 框架与墙体之间的粘结力远小于砌块之间的粘结力，基本可以忽略，故本书进行截面接触模拟时不考虑 RC 框架与墙体之间的粘结力，有效模拟框架与墙体相互作用关系的同时实现了接触简化，保证模型计算精度的同时，提高了计算收敛速度。

2.1.4 模型求解

本书展开的结构抗震性能分析是一种典型的接触非线性分析问题。实体接触主要通过表面传力，不发生相互侵入。有限元中的接触约束，只有当两表面相互接触时才产生约束，一旦分离约束也随之自动解除。Abaqus 中提供的界面接触包括表面对表面的接触和点对表面的接触，如图 2-6 将从表面节点离散，每个节点包含一定面积，而主表面进行面积离散，从表面节点与主表面离散面接触，形成点面接触对。

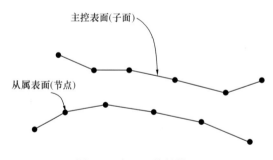

图 2-6　点—面接触模型

面面接触模型相应为离散面与离散面的接触对，Abaqus 中进行面面接触建模时接触对需要逐一建立，而不能一群一群建立，这在接触较多的模型中几乎无法收敛。因此，接触分析的目标就在于确定接触面积和传递的应力。本书界面接触模型包括模拟砂浆的粘结力及砌块之间、砌块与框架之间的摩擦力，均采用面面接触对模型。接触对包括法向和切向两个方向不同作用，法向选用硬接触，切向有相对滑移，选用通用的有限滑移。确定接触对法向与切向行为及接触面之间的滑动方式后，使用拉格朗日多项式方法对点接触施加约束，最后利用 Abaqus/Standard 接触算法进行数值计算，过程中通过调整参数，利用 newton 迭代法，直至模型收敛。

由于 RC 框架填充墙结构涉及材料及接触关系较多，通常计算收敛性较差。针对模型收敛差的问题，本书通过引入黏性系数、调整力、位移收敛度、打开连续性开关等方式加强结构收敛。

2.2　材料本构关系

RC 框架填充墙结构抗震性能分析包括几何非线性、材料非线性、状态非线性等非线性问题，因此合理有效的材料本构关系及接触模型的建立，影响着模型的计算精度及收敛速度。根据本书研究内容及《混凝土结构设计规范》GB 50010—2010[65]（以下简称《混凝土规范 2010》）规定，选取塑性损伤模型模拟混凝土本构关系。组合砌块考虑砂浆弥散在砌块中，采用界面接触模型模拟砌块之间以及砌块与框架之间的相互作用关系，组合砌块本构模型采用砌块与砂浆组合体砌体本构关系模拟。钢筋本构关系则采用塑性分析（Plastic）模型，选用随动硬化模型来模拟钢材的鲍辛格效应。

2.2.1　钢筋本构关系

根据已有试验成果，钢筋本构关系曲线大致可以划分为弹性、弹塑性、强化和二次塑流四个阶段。钢筋本构关系简化模型常见有三类：第一种描述完弹塑性随动硬化模型。该模型适用于含碳量较低流幅较短的钢材；第二种为包含弹性及强化阶段的双折线强化模型，适用于无明显流幅的高强度钢材；第三种为包含弹性阶段与理想弹塑性阶段的双折线本构模型，适用于流幅较长的钢材。

本书考虑钢筋的包辛格效应，采用塑性硬化模型作为钢筋本构模型，为降低建模及计算难度，对钢筋本构模型进行简化：弹塑性、强化和二次塑流阶段本构曲线简化为直线，模型达到极限应力后应力不随应变变化，单轴应力-应变关系曲线如图 2-7 所示，其中：$f_a = 0.8f_y$、$\varepsilon_e = f_a/E_s$、$\varepsilon_{e1} = 1.5\varepsilon_e$、$\varepsilon_{e2} = 10\varepsilon_{e1}$、$\varepsilon_{e3} = 10\varepsilon_{e2}$，$f_y$、$f_u$、$E_s$ 按表 2-1 参考《钢筋混凝土用钢第 1 部分：热轧光圆钢筋》GB 1499.1—2008[66]、《钢筋混凝土用钢第 2 部分：热轧带肋钢筋》GB 1499.2—2007[67] 规定钢材属性取值，泊松比 $\mu_s = 0.25$。

钢筋力学性能取值　　　　　　　表 2-1

钢筋牌号	屈服强度 f_y（MPa）	抗拉强度 f_u（MPa）	弹性模量 E（MPa）	伸长率（%）
HPB300	≥300	≥420	2.10×10^5	≥25
HRB335	≥335	≥455	2.0×10^5	≥17
HRB400	≥400	≥540	2.0×10^5	≥16

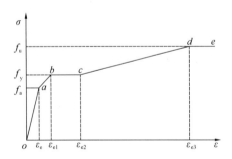

图 2-7　钢筋应力-应变关系曲线

2.2.2　混凝土本构关系

基于《混凝土规范 2010》附录 C.2.3～C.2.4 条规定的混凝土单轴受压、受拉应力应变关系，Abaqus 通过三种模型进行适配模拟：混凝土塑性损伤模型，适合模拟低围压下混凝土结构或构件低周往复加载、动力加载甚至地震作用下混凝土结构行为；混凝土弥散裂缝模型，适用于模拟低围压下单调变形的混凝土构件或结构，弥散裂缝模型通常只有两种破坏形式，压溃或拉裂，围压过高会影响裂缝开展，因此该模型无法模拟高围压构件；混凝土开裂模型，仅适用于 Abaqus/Explicit 平台。本书综合考虑结构形式以及抗震分析要求选取混凝土塑性损伤模型模拟混凝土本构关系。

1. 塑性损伤模型

混凝土是由砂浆、碎石骨料、水等材料组成的不均匀材料，其材料属性相对复杂，力学性能表现为抗拉性能远低于抗压性能，多数情况存在裂缝工作，破坏往往由于裂缝开展导致大变形引起的混凝土压碎造成。本书选择的塑性损伤模型具有以下特点：

（1）受拉极限强度远低于受压极限强度，规范中受拉极限强度约为受压极限强度 $1/10 \sim 1/20$；

（2）受拉状态下结构弹性刚度较受压状态下退化更快；

（3）循环加载情况下需要考虑混凝土刚度恢复特性；

（4）混凝土达到受拉、受压极限强度后会出现相应的材料软化效应；

（5）混凝土极限强度受应变率影响较大，随应变率增大而增大。

塑性损伤模型通过应力-塑性应变关系表征混凝土本构关系，可相对准确模拟混凝土应力状态。通过拉伸和压缩损伤系数 d_t 和 d_c 作为刚度退化指标考虑周期往复加载中，混凝土由于反复加载、卸载过程中塑性损伤引起的刚度损伤退化。损伤系数 d_t 和 d_c 的取值范围介于混凝土未出现刚度退化 0 与刚度完全退化 1 之间。考虑塑性损伤后单轴拉伸和压缩下 $\sigma - \varepsilon$ 关系为：

$$\sigma_t = (1 - d_t)E_0(\varepsilon_t - \tilde{\varepsilon}_t^{pl})$$

$$\sigma_c = (1 - d_c)E_0(\varepsilon_c - \tilde{\varepsilon}_c^{pl}) \tag{2-1}$$

其中，$\tilde{\varepsilon}_t^{pl}$，$\tilde{\varepsilon}_c^{pl}$——混凝土受拉、受压状态下等效塑性应变。

2. 屈服准则和流动法则

（1）屈服准则

混凝土屈服面和破坏面的确定主要取决于混凝土有效应力，相应有效应力计算公式如下：

$$\bar{\sigma}_t = \frac{\sigma_t}{(1-d_t)} = E_0(\varepsilon_t - \tilde{\varepsilon}_t^{pl})$$

$$\bar{\sigma}_c = \frac{\sigma_c}{(1-d_c)} = E_0(\varepsilon_c - \tilde{\varepsilon}_c^{pl}) \qquad (2\text{-}2)$$

其中，$\bar{\sigma}_t(\tilde{\varepsilon}_t^{pl})$ ——抗拉凝聚力；

$\bar{\sigma}_c(\tilde{\varepsilon}_c^{pl})$ ——抗压凝聚力；

$\tilde{\varepsilon}_t^{pl}$ ——等效拉伸塑性应变；

$\tilde{\varepsilon}_c^{pl}$ ——等效抗压塑性应变。

屈服面方程主要受 K_c 及有效应力影响，其具体表达式如下：

$$F = \frac{1}{1-a}(\bar{q} - 3a\,\bar{p} + \beta(\tilde{\varepsilon}^{pl})(\hat{\bar{\sigma}}_{max}) - \gamma(-\hat{\bar{\sigma}}_{max})) - \bar{\sigma}_c(\tilde{\varepsilon}_c^{pl}) = 0$$

$$(2\text{-}3)$$

式中，$\bar{p} = -\dfrac{1}{3}(\bar{\sigma}_1 + \bar{\sigma}_2 + \bar{\sigma}_3)$；

$\bar{q} = \sqrt{\dfrac{3}{2}s_{ij}s_{ji}}$; $a = \dfrac{(\sigma_{b0}/\sigma_{c0})-1}{2(\sigma_{b0}/\sigma_{c0})-1}, 0 \leqslant a \leqslant 0.5$；

$$\beta = \frac{\bar{\sigma}_c(\tilde{\varepsilon}_c^{pl})}{\bar{\sigma}_t(\tilde{\varepsilon}_t^{pl})}(1-a)(1+a)$$

其中，$\bar{p}$ ——静水压力；

$\bar{q}$ ——米泽斯等效应力；

$S_{ij}S_{ji}$ ——偏应力张量；

$\hat{\bar{\sigma}}_{max}$ ——最大有效主应力；

σ_{b0} ——双轴抗压强度；

σ_{c0} ——单轴抗压强度；

K_c ——屈服面修正系数，Abaqus 默认为 $K_c = \dfrac{2}{3}$；

（2）流动法则

模型应用非相关流动法则，结合 D-P 理想弹塑性准则表示塑性势能：

$$G = \sqrt{(\varepsilon\sigma_{10}\tan\psi)^2 + \overline{q}^{-2}} - \overline{p}\tan\psi \qquad (2\text{-}4)$$

其中，$\sigma_{10}(\theta, f_i) = \sigma_1 \mid_{\widetilde{\varepsilon}_t^{\mathrm{pl}} = 0,\ \widetilde{\varepsilon}_t^{\mathrm{pl}} = 0}$ ——混凝土破坏时拉应力；

$\varepsilon(\theta, f_i)$ —— 流动偏角，一般取 0.1；

$\psi\ (\theta, f_i)$ ——膨胀角。

3. 单轴应力-应变关系曲线

《混凝土规范 2010》附录 C.2.3 条和 C.2.4 条规定提供了混凝土单轴受压和单轴受拉应力应变关系，如图 2-8 所示。规范对于混凝土受拉、受压应力应变曲线进行简化，分别用公式拟合曲线上升段与下降段。对应的参数及抗拉强度、峰值拉应变可根据表 2-2、表 2-3 确定。

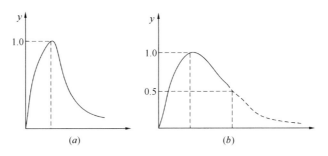

图 2-8　混凝土单轴应力应变曲线

（a）混凝土受拉应力应变曲线；（b）混凝土受压应力应变曲线

如图 2-8（b），混凝土单轴受压状态下应力应变关系式如下：

$$\sigma = (1 - d_c)E_c\varepsilon_c \qquad (2\text{-}5)$$

$$d_c = \begin{cases} 1 - \dfrac{\rho_c n}{n - 1 + x^n} & (x \leqslant 1) \\[3mm] 1 - \dfrac{\rho_c}{\alpha_c(x-1)^2 + x} & (x > 1) \end{cases} \qquad (2\text{-}6)$$

式中，$\rho_c = f_{ck}/(E_c\varepsilon_{c,k})$；$n = E_c\varepsilon_{c,k}/(E_c\varepsilon_{c,k} - f_{ck})$；$x = \varepsilon/\varepsilon_{c,r}$

其中，d_c——混凝土受压损伤系数；

  α_c——混凝土受压 $\sigma-\varepsilon$ 曲线下降段参数值，按表 2-2 取值；

  f_{ck}——混凝土抗压强度标准值；

  $\varepsilon_{c,k}$——对应 f_{ck} 的混凝土峰值压应变，按表 2-2 取值；

  ε_{cu}——下降段 $\sigma=0.5f_{ck}$ 时混凝土的压应变。

混凝土单轴受压 $\sigma-\varepsilon$ 曲线参数值 表 2-2

α_c	0.74	1.06	1.36	1.65	1.94	2.21	2.48	2.74	3.00
$f_{cu,k}$ (MPa)	20	25	30	35	40	45	50	55	60
$\varepsilon_{c,k}$ ($\times10^{-6}$)	1470	1560	1640	1720	1790	1850	1920	1980	2030
$\varepsilon_{cu}/\varepsilon_{c,k}$	3.0	2.6	2.3	2.1	2.0	1.9	1.9	1.8	1.8

混凝土单轴受拉应力应变关系式如下：

$$\sigma = (1-d_c)E_c\varepsilon_t \tag{2-7}$$

$$d_t = \begin{cases} 1-\rho_t(1.2-0.2x^5) & (x \leqslant 1) \\ 1-\dfrac{\rho_t}{\alpha_t(x-1)^{1.7}+x} & (x > 1) \end{cases} \tag{2-8}$$

$$\rho_t = f_{tk}/(E_c\varepsilon_{t,k}) \tag{2-9}$$

其中，α_t——混凝土受拉 $\sigma-\varepsilon$ 曲线下降段参数，按表 2-3 取值；

  f_{tk}——混凝土抗压强度标准值；

  $\varepsilon_{t,k}$——与 f_{tk} 对应的混凝土峰值压应变，按表 2-3 取值；

  d_t——单轴受拉损伤系数。

混凝土单轴受拉 $\sigma-\varepsilon$ 曲线参数取值 表 2-3

α_t	0.31	0.70	1.25	1.95	2.81	3.82	5.00
$f_{t,k}$ (MPa)	1.0	1.5	2.0	2.5	3.0	3.5	4.0
$\varepsilon_{t,k}$ ($\times10^{-6}$)	65	81	95	107	118	128	137

本书采用 C35 强度等级混凝土，泊松比 $\mu_c=0.2$。考虑混凝土拉、压损伤系数反映混凝土损伤程度，对应混凝土塑性应变随损伤系数的变化而变化，如图 2-9 所示。

如图 2-10 为考虑混凝土刚度恢复的塑性损伤本构模型，

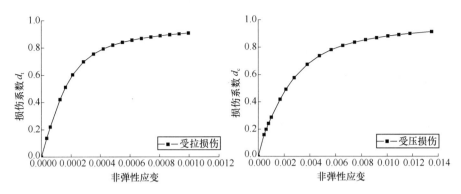

图 2-9　混凝土拉、压损伤系数与塑性应变关系曲线

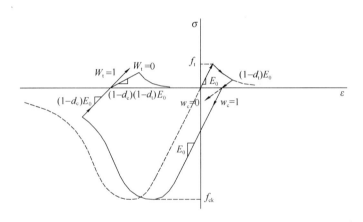

图 2-10　考虑刚度恢复的塑性损伤本构模型

在低周往复荷载或动力荷载作用下，混凝土会出现拉裂再受压继续载荷的现象，再受压的过程中混凝土压缩刚度有所恢复，分析中引入受压刚度恢复变量 w_c 评价刚度恢复情况，Abaqus 中默认为 1，本书根据混凝土特性，取框架梁柱混凝土 $w_c=0.7$，相应产生压裂缝后受拉，拉伸刚度无法恢复即受拉刚度恢复变量 w_t 为 0。

2.2.3　磷石膏及砌体本构关系

本书通过磷石膏现浇墙 RC 框架结构与加气块填充墙 RC 框架结构对比分析磷石膏填充墙框架结构抗震性能。加气块与磷石膏两种材料本构关系的不同是导致两种不同形式墙体抗震性能区别的主要原因。

1. 砌体本构关系

砌体是由砌块与砂浆混合砌筑而成。由于本书在进行加气块填充墙框架结构抗震性能分析中，采用分离式建模进行加气块填充墙的建模；在框架填充墙结构周期折减系数的研究中，需要进行模态分析，简化了砌块之间的相互作用关系，砌体墙的模拟采用整体式建模方法。采用分离式建模时，仅需单独考虑砌块及砂浆本构关系组合即可；而进行整体式建模的材料属性是砌块与砂浆组合体本构关系，需要考虑两者组合材料的本构关系。

本书研究砌体采用强度等级 A5、干密度 B06 的蒸压粉煤灰—砂加气混凝土砌块与 M5 强度等级的砂浆组合砌筑而成。如表 2-4、表 2-5 所示为砌块与砂浆材料属性相关参数。

混凝土砌块材料属性 表 2-4

强度等级	抗压强度	尺寸	弹性模量	干密度
A5	5.0MPa	0.6×0.2×0.3	2300 MPa	B06 即 600kg/m³

砂浆材料属性 表 2-5

强度等级	抗压强度	粘结强度	弹性模量	干密度
M5（>5MPa）	6MPa	0.6MPa	600MPa	1500kg/m³

砌块、砂浆组合砌体材料属性由两种材料共同决定，根据《砌体结构设计规范》GB 50003—2011[68]及《蒸压加气混凝土砌块砌体结构技术规范》CECS 289—2011[69]中关于加气混凝土砌体结构计算指标的建议值及砂浆、砌块实际组合形式，确定了砌体结构的相关计算指标，如表 2-6 所示。

砌体结构计算指标 表 2-6

抗压强度	抗剪强度（沿通缝方向）	弹性模量	干密度
1.3MPa	0.14MPa	2200MPa	647.33kg/m³

砌体的本构关系是结构抗震性能重要影响因素，国内外关于砌体本构关系的研究不胜枚举，砌块、砌体本构关系表达式，大致可分为对数型、指数型以及多项式型等[70]。

如图 2-11 所示为本书采用的砌块本构关系曲线。

$$y = \begin{cases} 1.07x - 0.07x^5 & 0 \leqslant x \leqslant 1 \\ \dfrac{x}{9.96\,(x-1)^2 + x} & 1 \leqslant x \leqslant 1.31 \\ \dfrac{1}{1.6 + 0.1x} & x \geqslant 1.31 \end{cases}$$ (2-10)

其中 $x = \dfrac{\varepsilon}{\varepsilon_0}$，$y = \dfrac{\sigma}{\sigma_0}$

σ_0 为构件屈服应力；ε_0 为构件屈服应变。

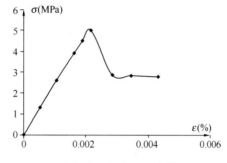

图 2-11　砌块 σ—ε 曲线

采用湖南大学施楚贤（2005）[71] 推荐的多项式本构关系描述加气混凝土砌体本构关系，如图 2-12 所示。

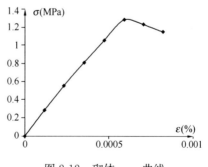

图 2-12　砌体 σ—ε 曲线

上升段：$\dfrac{\sigma}{\sigma_0} = 1.96\left(\dfrac{\varepsilon}{\varepsilon_0}\right) - 0.96\left(\dfrac{\varepsilon}{\varepsilon_0}\right)^2 \quad 0 \leqslant \dfrac{\varepsilon}{\varepsilon_0} \leqslant 1$

(2-11)

下降段：$\dfrac{\sigma}{\sigma_0} = 1.3 - 0.3\dfrac{\varepsilon}{\varepsilon_0} \qquad 1 \leqslant \dfrac{\varepsilon}{\varepsilon_0} \leqslant 4$ (2-12)

其中 σ_0 为结构屈服应力；ε_0 为结构屈服应变。

砌体弯曲受拉时主要有三种破坏形式：沿齿缝截面的破坏、沿块体截面的破坏、沿水平灰缝的破坏[72]，如图 2-13所示。具体破坏形式主要与轴向拉力与水平灰缝之间的夹角相关。沿齿缝截面的破坏抗拉强度由砂浆与砌体的粘结强度确定，主要取决于砂浆的强度，沿块体截面的破坏主要取决于块体的强度，而沿水平灰缝的破坏形式抗拉强度较低，属于规范不允许的受力构件。

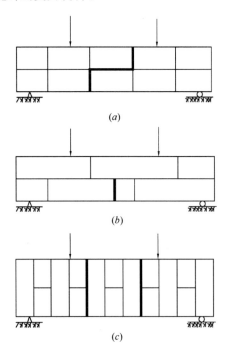

图 2-13　砌体弯曲受拉
(a) 沿齿缝截面破坏；(b) 沿块体截面破坏；
(c) 沿水平灰缝破坏

2. 磷石膏墙体本构关系

现浇石膏墙体是以磷石膏为主要原料，加入粉煤灰、生石灰、外加剂等，在施工现场支模，使用专用机械取料、加水搅拌，浇注入模成型，经自然干燥形成的轻质石膏墙体。

　　由于现浇磷石膏墙体尚处于研发推广阶段，对于磷石膏墙体力学性能研究相对较少，国内贵州大学马克俭院士[73~75]首先通过试验对磷石膏墙体材料属性及力学性能进行了相关研究，得出磷石膏墙体本构关系，如图 2-14（a）所示。

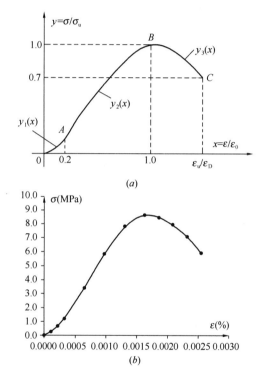

图 2-14　磷石膏墙体本构关系

（a）本构关系示意图；（b）本构关系曲线

$$y = \begin{cases} 0.386x + 1.689x^2 & 0 \leqslant x \leqslant 0.2 \\ 0.319x + 2.362x^2 - 1.681x^3 & 0.2 \leqslant x \leqslant 1 \\ 1 - 0.975(x-1)^2 & x \geqslant 1 \end{cases}$$

(2-13)

其中 $x = \dfrac{\varepsilon}{\varepsilon_0}$，$y = \dfrac{\sigma}{\sigma_0}$

σ_0 为结构屈服应力；ε_0 为结构屈服应变。

本书采用磷石膏材料属性如表 2-7,根据磷石膏材料属性,得到磷石膏本构关系如图 2-14(b)所示。

磷石膏材料属性　　　　　　　表 2-7

抗压强度	尺寸	弹性模量	泊松比	干密度
8.6MPa	整体现浇	5300MPa	0.19	900kg/m³

2.3　界面接触模型

Abaqus 中默认实体构件之间不存在接触关系,需要通过 Interaction 模块进行定义各组合块之间相互作用关系。

Interaction 模块定义了包括 Tie(绑定约束)、Coupling(耦合约束)、Embedded Region(嵌入区域约束)等约束形式以及摩擦等相互作用关系,需要根据实际构件之间相互作用关系进行选择建模。

由于本书涉及模型包括单榀磷石膏、砌体填充墙,12 层 RC 框架结构等。构件多,模型体量大,有限元模拟较为复杂,包括 RC 框架钢筋骨架与混凝土的建模,墙体与梁柱之间的接触以及砌体墙砌块之间黏聚力、墙体破坏形式的模拟都是难点。

单榀磷石膏墙体,由于墙体通过现浇方式浇筑而成,墙体可整体建模后与防水垫层及梁柱进行组合连接,其中防水垫层采用 Tie 命令与底梁进行连接,墙体与梁柱之间主要由拉结筋、预植筋连接;砌体填充墙建模,考虑精细化分析墙体的破坏形式,因此采用组合砌块的方式分离式建模,而后再通过牵引力-分离模型模拟砂浆连接作用,同时考虑拉结筋的连接模拟墙体与梁柱的相互作用关系。

本书结构模型采取离散化建模,RC 框架结构与填充墙分别单独建模,而后再进行连接组合。RC 框架结构为钢筋混凝土结构,为精细化模拟,本书采用分离式建模,梁板柱钢筋网与混凝土框架分别单独建模后,利用 Embedded Region 约束将钢筋骨架嵌入混凝土框架内。

混凝土框架结构主要构件为梁柱板，由于梁、柱、板实际施工采用现浇方式，在梁、柱、板相互接触面位置变形协调，本书基于三者实际作用关系，适当简化接触面类型，考虑梁、柱、板之间用 Tie 命令连接。

梁柱钢筋骨架采用传统的建模方法按设计要求进行钢筋建模及骨架组合，但由于完全钢筋骨架模型体量及计算量过大，因此，在楼板钢筋的模拟中采用了 rebar layer（钢筋层）的简化方法，如图 2-15 所示，为 rebar layer 示意图，通过将两个方向的钢筋网架等效为钢筋层再 Embed 在混凝土楼板类以近似模拟实际钢筋混凝土楼板受力情况。

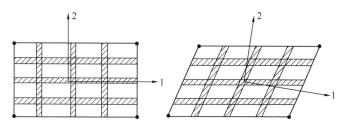

图 2-15 rebar layer 钢筋层示意图

本书填充墙模型包括现浇磷石膏墙体及加气混凝土砌块墙体。其中磷石膏墙体为现浇墙体，建模时墙体整体建模。在对结构进行模态分析过程中，侧重于结构的周期及自振频率的求解，并不关注砌体的破坏形式，因此在砌体填充墙建模采用整体式建模。

主体框架结构与填充墙分别完成建模后需要进行组合连接。磷石膏墙体主要通过预植筋、拉结筋与主体结构连接，砌体墙与主体结构之间通过砂浆以及拉结筋连接。Abaqus可以通过牵引力-分离模型对砂浆进行模拟，而预植筋、拉结筋则可以通过矩阵、平移等命令进行建模。

第 3 章
带现浇磷石膏墙体
RC 框架结构抗震性能

3.1　有限元模型

由于 Abaqus 对整体 RC 框架结构进行抗震性能分析，模型体量及计算量均过大。本书参考郭子雄（2011）、翟长海（2013）等对填充墙框架结构抗震性能简化研究方法，建立单榀填充墙框架结构有限元模型，通过低周往复加载模拟结构受地震作用，通过改变墙体材料、高宽比、门洞位置等参数研究现浇磷石膏墙体 RC 框架结构抗震性能。

本书建立的单榀填充墙框架结构示意图如图 3-1 所示，梁尺寸为 0.35m×0.5m×5.4m，柱尺寸为 0.5m×0.5m×3.5m，墙体尺寸结构底座尺寸为 0.7m×0.7m×5.9m，为防止底座水平滑移与翘曲，有限元中采取固定约束约束底座平动及转动自由度，底座及梁柱均采用 C35 混凝土，墙体厚度设计为 200mm，梁柱混凝土保护层厚度均取 25mm。

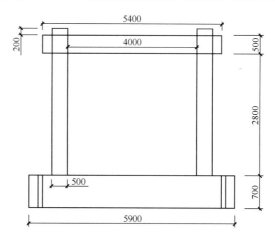

图 3-1　单榀填充墙框架示意图

图 3-2 为试件配筋图，梁柱钢筋骨架及拉结筋的设置均参考实际工程及设计规范确定，箍筋采用 HPB300 钢筋、纵筋采用 HRB400 钢筋。本书模型考虑变量包括墙体材料、高宽比、门洞位置等参数对结构抗震性能影响，如表 3-1 所示为模型方案。

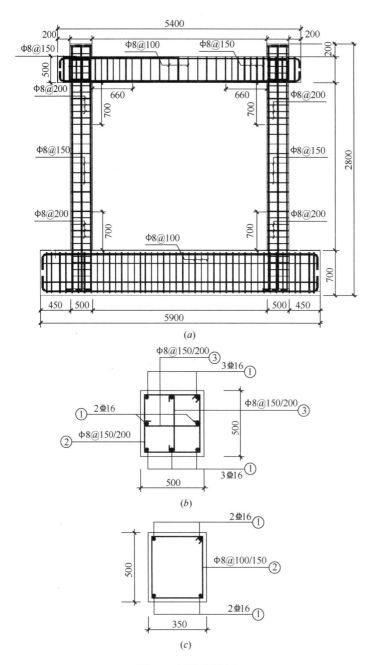

图 3-2 试件配筋图

(a) 整体配筋图；(b) 柱配筋图；(c) 梁配筋图

模型方案　　　　　　　　　表 3-1

	材料	尺寸	高宽比	防水垫层	是否开洞	孔洞位置	梁竖向荷载 N/m²	柱竖向荷载 N/m²
TC-1	磷石膏	2.8×2.8 ×0.2	1	0.2	否	╱	2.04 e5	4e5
TC-2	磷石膏	2.8×5.0 ×0.2	0.56	0.2	否	╱	1.14 e5	4e5
TC-3	磷石膏	2.8×4.0 ×0.2	0.7	0.2	否	╱	1.43 e5	4e5
TC-4	磷石膏	2.8×4.0 ×0.2	0.7	0.2	是	中间	1.43 e5	4e5
TC-5	磷石膏	2.8×4.0 ×0.2	0.7	0.2	是	左侧	1.43 e5	4e5
TC-6	加气块	2.8×4.0 ×0.2	0.7	╱	否		1.43 e5	4e5
TC-S	╱	2.8×4.0 ×0.2	0.7				1.43 e5	4e5

　　根据上述模型方案建立模型，在梁端施加周期往复荷载。参照《建筑抗震试验方法规程》JGJ/T 101—2015[76]（以下简称《抗震试验规程 2015》）采用位移控制加载制度，控制位移取试件屈服位移，通过在梁端单调加载至屈服确定（本书模型屈服位移 Δ_y 取 15mm），屈服后位移加载增量取 $0.5\Delta_y$。图 3-3 为加载制度示意图。

　　有限元建模步骤依次如下：

　　（1）按图 3-1、图 3-2 中梁、柱、墙尺寸及箍筋、纵筋直径，在部件模块中创建各构件模型。

　　（2）分别定义钢筋、混凝土、磷石膏、砌块、砂浆材料属性，由于材料属性无法直接赋予各部件，因此首先将定义

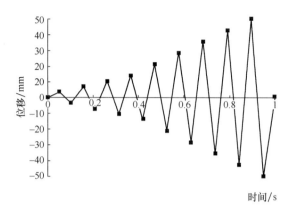

图 3-3 加载制度示意图

好的材料属性对应赋予相应截面属性，最后再将相应的截面属性赋予梁、柱、墙等部件。

（3）按图 3-1、图 3-2 结构及配筋图，装配部件，钢筋骨架 merge 为一整体，内置于混凝土骨架内。

（4）通过 Interaction 模块定义砌块之间、梁柱之间、钢筋混凝土等部件间的相互作用关系。

（5）定义模型的边界条件及周期往复加载。约束底座平动及转动自由度，按表 3-1，在梁、柱顶定义竖向均布荷载，梁端通过耦合加载点的方式，水平施加周期往复荷载，为提高模型收敛性及运算精度，参考《抗震试验规程 2015》采用位移控制的方式进行加载。

（6）模型网格划分。由于在部件装配中均选用非独立构件，因此网格划分需对构件进行单独划分，梁、柱、墙均采用结构划分以获得更好的网格控制。按上述方案及建模方法建立的单榀磷石膏墙、砌体墙框架结构模型如图 3-4、图 3-5 所示。

通过上述建模方案及加载机制，考虑墙体材料、高宽比、门洞位置等参数对磷石膏墙体 RC 框架结构抗震性能影响。

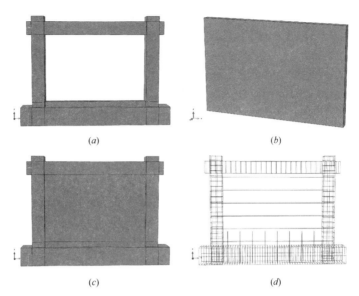

(a)　　　　　　　　　　　(b)

(c)　　　　　　　　　　　(d)

图 3-4　单榀磷石膏墙框架模型

(a) RC 框架模型；(b) 磷石膏墙体模型

(c) 磷石膏 RC 框架模型；(d) 磷石膏墙体框架钢筋网

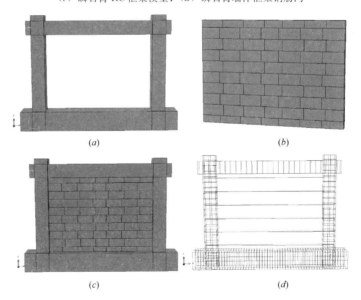

(a)　　　　　　　　　　　(b)

(c)　　　　　　　　　　　(d)

图 3-5　单榀砌体墙框架模型

(a) RC 框架模型；(b) 砌体墙"组合砌块"模型

(c) 砌体墙 RC 框架模型；(d) 砌体墙框架钢筋网

3.2 计算结果分析

3.2.1 结构破坏形式分析

在低周往复作用下，结构逐渐发生变形破坏，各模型破坏形式呈现一定规律。如图 3-6 所示为磷石膏及砌体墙体应力云纹图。图 3-7 为磷石膏墙体及砌体墙等效塑性变形图。

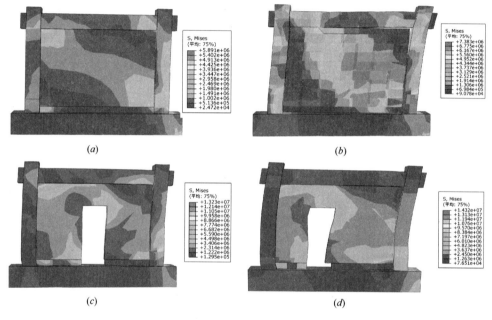

图 3-6　磷石膏及砌体墙体应力云纹图

(*a*) 磷石膏墙体应力云纹图；(*b*) 砌体墙应力云纹图

(*c*) 中间开洞墙体应力云纹图；(*d*) 单侧开洞墙体应力云纹图

结合图 3-6、图 3-7 及计算结果分析磷石膏与砌体墙结构低周往复作用下结构破坏形式，可得以下结论：

(1) 砌体填充墙破坏过程大致可划分为三个阶段：

弹性阶段：墙体与梁柱框架作为整体协同工作，结构整体处于线弹性工作状态，墙体变形较小，未发生开裂；

墙体屈服阶段：随着荷载逐渐增大，墙体中心区域出现

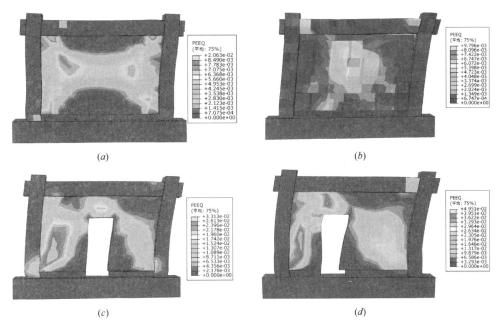

(a)　　　　　　　　　　　　　　(b)
(c)　　　　　　　　　　　　　　(d)

图 3-7　磷石膏及砌体墙体等效塑性应变图
(a) 磷石膏墙体等效塑性应变图；(b) 砌体墙等效塑性应变图
(c) 中间开洞墙体等效塑性应变图；(d) 单侧开洞墙体等效塑性应变图

沿齿缝截面及水平灰缝裂缝，此时结构主要通过墙体抗剪，梁柱仍处于弹性工作状态；

　　结构破坏阶段：荷载继续增大，墙体中心区域裂缝扩展并产生更多新裂缝，墙体发生脆性破坏，墙体与梁柱脱离，结构抗侧力由墙体转移至梁柱，梁柱角点位置逐渐发生屈服并产生塑性铰至结构失效。

　　（2）磷石膏墙体破坏过程同样可划分为三个阶段：

　　弹性阶段：墙体变形较小，墙体及梁柱框架应力－应变基本呈线弹性关系，周期往复加载过程几乎不产生残余变形；

　　墙体屈服阶段：随着荷载增大，墙体在对角线位置出现"带状"应力集中区域，墙体变形较大，并产生残余应变；

　　结构破坏阶段：荷载继续增大，墙体在"X 形"对角线区域产生较大塑性变形，墙体应力传递至梁柱，梁柱角点区域逐渐屈服，直至破坏。

（3）开洞磷石膏墙体破坏过程与磷石膏墙体类似，可划分为弹性、墙体屈服及结构破坏三个阶段。区别在于开洞墙体较未开洞磷石膏墙体更早进入墙体屈服阶段，墙体屈服应力带基本仍呈"带状"分布于结构对角区域，由于开洞的位置不同，应力集中区域发生相应转变，除了墙体对角位置，门洞角点位置同样有应力集中现象；结构破坏阶段，结构塑性变形仍出现在墙体对角位置，大致同未开洞墙体的"X形"分布，由于门洞的隔断效应，其塑性变形路径出现一定偏移，但基本保持在门洞周围及墙体对角区域。分析原因主要由于墙体开洞导致结构整体性破坏，门洞效应改变了结构的传力路径，继而影响了结构应力分布。

（4）磷石膏墙体与砌体填充墙破坏形式基本类似，均经历弹性阶段、墙体屈服阶段及结构破坏阶段。区别主要在后两个阶段，墙体屈服阶段，砌体填充墙由于灰缝砂浆粘结力不够导致墙体未达到砌块强度即产生裂缝破坏，结构破坏阶段，由于砌体墙与梁柱之间的连接不足，导致墙体尚未达到砌体强度就与梁柱之间脱离，结构整体性破坏，结构整体承载力明显下降，远小于磷石膏墙体框架结构承载力。分析原因主要是磷石膏墙体与砌体填充墙施工工艺不同，磷石膏墙体框架结构墙与梁柱的连接更紧密，墙体整体性也更好。

3.2.2 滞回曲线

滞回曲线即荷载-位移曲线，又名恢复力特性曲线，是拟静力及动力分析中重要输出指标，可以反映结构地震或其他动力作用下结构延性、耗能能力以及强度刚度退化等。本书通过有限元建模分析，分别获得了 7 组模型的滞回曲线如图 3-8 所示。

观察对比 7 组模型滞回曲线，发现模型滞回曲线呈以下特征：

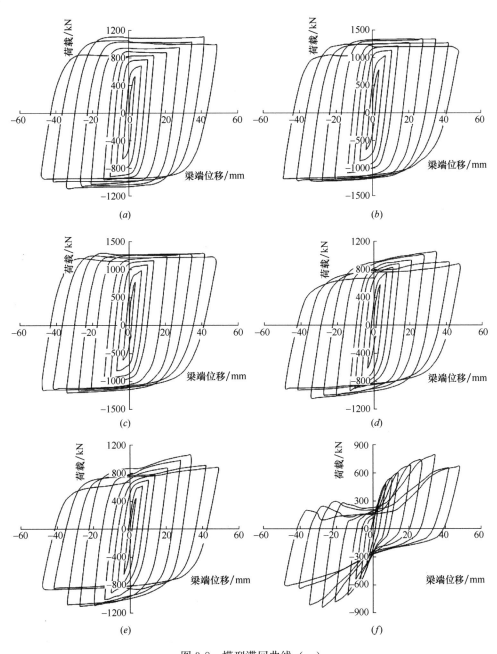

图 3-8　模型滞回曲线（一）

(*a*) TC-1；(*b*) TC-2 ；(*c*) TC-3；(*d*) TC-4 (*e*) TC-5；(*f*) TC-6 ；

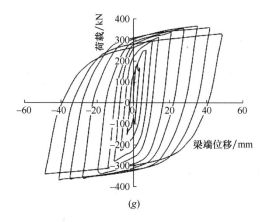

图 3-8　模型滞回曲线（二）

（g）TC-S

（1）带磷石膏墙体 TC-1、TC-2、TC-3 模型滞回曲线均呈"梭形"，滞回环饱满无"捏缩"现象，反映模型具有良好的抗震性能和耗能能力及塑性变形能力。模型加载初期，滞回曲线经过原点，荷载位移曲线基本呈线性关系，卸载后并未产生明显残余变形，此时模型处于线弹性阶段。如图 3-6 模型应力云纹图，随着荷载的不断增大，沿墙体对角线位置首先出现两片高应力区域，继而梁柱角点位置出现应力集中情况，模型出现局部屈曲和屈服情况，在滞回曲线中主要表现为随着位移增大，荷载逐渐趋于平稳甚至下降。其中 TC-4、TC-5 模型滞回曲线部分滞回环出现"捏缩"现象，但模型承载力变化不大，反映模型耗能性能及塑性变形能力有一定下降。分析原因主要是孔洞效应对结构抗震性能影响。

（2）空框架模型 TC-S、带砌体墙模型 TC-6 滞回曲线的形状相对出现"捏缩"效应，形状不够饱满，说明模型延性及地震耗能能力较差。分析砌体墙模型滞回曲线出现"捏缩"现象，主要由于施工工法的不同砌体与框架之间的连接不及磷石膏墙体与框架之间的连接强度，滑移影响大大降低了模型的抗震性能及塑性变形能力，此外，砌块之间砂浆粘结力不足加剧了模型的滑移影响。

（3）模型加载阶段，滞回曲线的斜率随着加载量级的增大而减小且逐渐趋于稳定，前轮加载曲线斜率均大于次轮曲线斜率，说明周期往复加载下，模型刚度发生退化。模型卸载阶段，加载前期曲线呈直线，模型基本无残余变形，随着荷载的增大，模型在墙体对角线以及梁柱角点位置逐渐发生屈服，曲线发生明显弯曲，引起模型刚度退化，同时产生残余变形且变形随荷载循环不断累积。

综上，空框架模型、砌体墙模型以及磷石膏墙模型滞回曲线大致可划分为两个阶段：线弹性阶段、刚度退化阶段。

3.2.3　骨架曲线

骨架曲线是滞回曲线上各加载级第一次循环峰值依次相连的包络曲线，对应各级循环位移荷载曲线峰值轨迹，反映了模型屈服荷载、极限荷载、破坏荷载、强度、刚度等特征，是模型抗震性能分析重要数据，如图 3-9 所示为 7 组模型骨架曲线；根据骨架曲线可提取模型特征点特征值，如表 3-2 所示为模型特征点位移荷载表。

观察对比 7 组模型骨架曲线，发现模型骨架曲线呈以下特征：

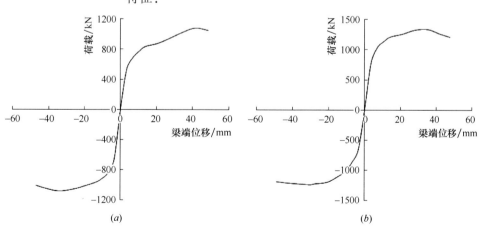

图 3-9　模型骨架曲线（一）

（a）TC-1；（b）TC-2

59

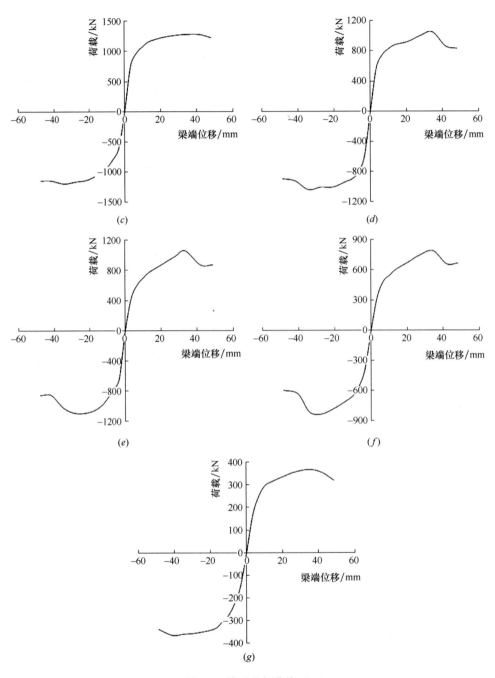

图 3-9 模型骨架曲线（二）

(*c*) TC-3；(*d*) TC-4；(*e*) TC-5；(*f*) TC-6；(*g*) TC-S

模型特征点位移荷载表　　　　表 3-2

特征值　　　模型	TC-1	TC-2	TC-3	TC-4	TC-5	TC-6	TC-S
屈服荷载（kN）	918.9	1137.1	1087.4	893.4	899.7	671.8	312.0
屈服位移（mm）	7.1	6.0	5.8	6.3	8.2	8.2	7.7

注：屈服荷载取极限荷载的 85% 即 $P_u = 0.85 p_{max}$。

（1）空框架模型与砌体墙模型、磷石膏墙模型骨架曲线走势相似，经过弹性阶段、强化阶段后逐渐屈服至破坏，区别主要在于屈服荷载及初始刚度，随着位移的增加，骨架曲线斜率逐渐降低，反映了模型周期往复作用下刚度退化现象。

（2）根据各模型骨架曲线及特征点位移荷载数据对比发现，相同条件下带填充墙框架结构初始刚度及承载力明显大于空框架结构，相较于 TC-S，TC-3、TC-4、TC-5、TC-6 承载力提升了 248.5%、186.3%、188.4%、115.3%，分析原因主要是填充墙刚度及承载力的贡献。

（3）TC-4、TC-5、TC-6 在达到峰值后，曲线急剧下降后趋于稳定，分析原因 TC-4、TC-5 墙体开洞导致结构达到峰值荷载后墙角位置产生塑性铰并迅速失效，但由于墙体并未完全退出工作，因此下降后的承载力依然大于 TC-S；TC-6 砌体填充墙为脆性材料，峰值荷载后墙体开裂破坏，墙体迅速退出工作，导致结构承载力下降，但破坏后的砌体墙框架结构承载力依然大于 TC-S。

（4）TC-1、TC-2、TC-3、TC-S 达到峰值后曲线平缓下降，说明结构延性较好，而 TC-4、TC-5、TC-6 延性表现则较差。

3.2.4　刚度退化

刚度退化是指在低周往复加载试验中，保持相同的幅值荷载时，峰值位移随循环次数得增多而增大的现象，表现为结构刚度随加载不断降低，反映了结构塑性变形能力等。通过对模型滞回曲线的分析，发现模型前期加载过程中，处于弹性阶段，刚度为弹性刚度，基本无退化，在后期加载过程中逐渐出现刚度退化现象。本书采用《抗震试验规程 2015》5.5.3 节中规定的割线刚度 K_i 对模型刚度退化规律进行定量分析。

$$K_i = \frac{|+F_i| + |-F_i|}{|+X_i| + |-X_i|} \qquad (3\text{-}1)$$

式中　　F_i——第 i 次荷载峰值；

　　　　X_i——第 i 次位移峰值

根据骨架曲线提取的特征值，按公式（3-1）计算得结构刚度退化系数 K_i 与梁端位移的关系如图 3-10 所示。

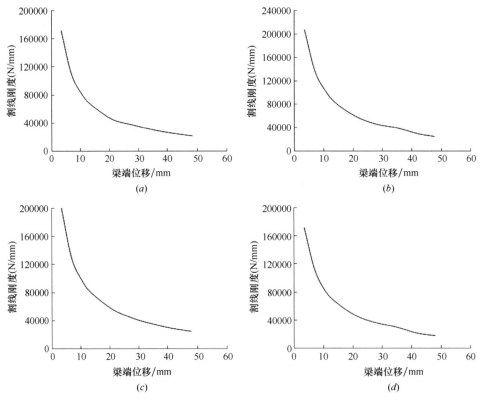

图 3-10　结构刚度退化系数 K_i 与梁端位移的关系（一）

（a）TC-1；（b）TC-2；（c）TC-3；（d）TC-4

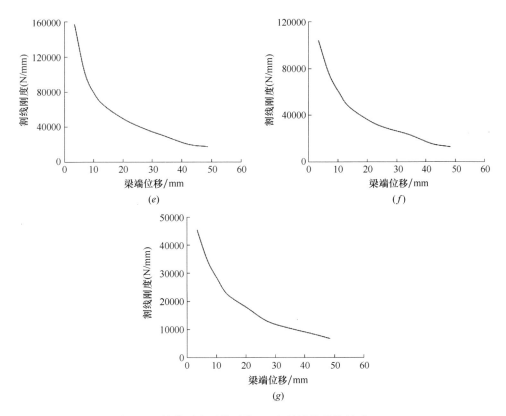

图 3-10　结构刚度退化系数 K_i 与梁端位移的关系（二）

（e）TC-5；（f）TC-6 ；（g）TC-S

　　对比分析空框架模型、砌体墙框架模型以及磷石膏墙框架模型刚度退化曲线可得：

　　（1）7 组模型退化曲线走势相似，各模型均出现不同程度刚度退化，且前期退化比较明显，后期退化速度逐渐放缓。分析刚度退化主要由于结构损伤及残余变形的积累导致刚度退化。

　　（2）由于填充墙刚度贡献，前期填充墙框架结构整体抗侧刚度大于空框架结构，后期由于墙体屈服破坏，结构抗侧刚度趋于稳定。

　　（3）墙体材料、高宽比及门洞效应对框架结构抗侧刚度产生不同程度影响，其中墙体材料对结构抗侧刚度影响最大。

3.2.5　强度退化

强度退化是指在低周往复加载试验中，保持相同的幅值位移时，峰值荷载随循环次数的增多而降低的现象。结构的强度退化可以反映结构抗震能力，强度退化，直接降低结构抗震性能。关于强度退化计算公式，《抗震试验规程 2015》中规定强度退化系数 λ_i 表征结构强度退化情况，同级加载各次循环峰值比值即结构强度退化系数：

$$\lambda_i = \frac{p_j^i}{p_j^{i-1}} \tag{3-2}$$

式中　　P_j^i——第 j 级加载时第 i 次循环的峰值荷载；

　　　　P_j^{i-1}——第 j 级加载时第 $i-1$ 次循环的峰值荷载；

考虑反映同级加载全周期内强度总体退化情况，本书采用强度整体退化系数 λ_i 表征结构整体强度退化特征，各级循环荷载峰值与全周期荷载峰值比值：

$$\lambda_i = \frac{p_i}{p_{\max}} \tag{3-3}$$

式中　　P_i——第 i 次循环加载峰值荷载；

　　　　$P_{\max}$——加载全周期峰值荷载；

根据骨架曲线提取的特征值，按公式（3-3）计算得结构整体强度退化系数 λ_i 与梁端位移的关系如图 3-11 所示。

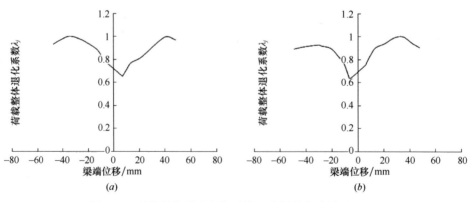

图 3-11　结构整体强度退化系数 λ_i 与梁端位移关系（一）

（a）TC-1；（b）TC-2；

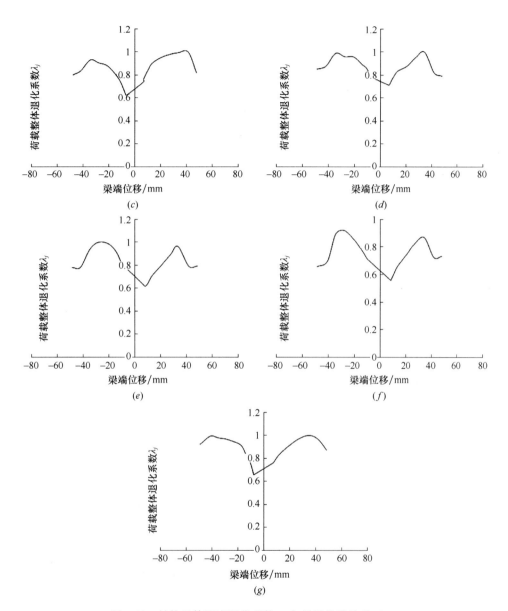

图 3-11　结构整体强度退化系数 λ_i 与梁端位移关系（二）

（c）TC-3；（d）TC-4；（e）TC-5；（f）TC-6；（g）TC-S

从图 3-11 分析得出：

（1）空框架、砌体墙模型及磷石膏墙模型退化趋势基本一致，除了 TC-4、TC-5、TC-6 其他模型在退化系数达到

1.0 后变化均较为平缓，分析主要由于磷石膏墙体开洞或砌体墙体自身属于脆性材料，砌块粘结强度不够导致结构到达峰值荷载后强度快速破坏，表现为强度的快速退化。

（2）除砌体填充墙结构 TC-6，其他结构主要集中于 0.6～1.0 之间，说明磷石膏墙框架及空框架结构退化比较稳定，具有良好的延性及抗震性能；砌体墙模型退化系数 0.5～1.0，相对其他结构延性和抗震性能较差。

（3）加载初期砌体墙模型强度退化系数小于空框架模型，主要由于砌体墙模型在加载前期强度受砌体墙影响，又砌体墙为脆性材料，循环加载会引起砌体墙的损伤及强度下降较快，退化系数进入 1.0 之后，砌体墙模型退化曲线出现骤降，分析主要是加载后期墙体开裂后迅速失效并退出工作，结构所受水平荷载主要由框架承担。

3.2.6 耗能性能

耗能性能指结构或构件在地震作用下变形及相互作用耗散地震作用的能力，是评价结构或构件抗震性能的重要指标之一。结构耗能实质为能量转化机制，地震提供能量，直接引起结构的弹性变形与塑性变形，弹性变形实现地震能量向应变能及动能的转化，该部分能量属于可恢复能量，塑性变形则通过结构的变形及粘滞阻尼转化为内能，该部分能量不可逆，由此实现结构耗能。耗能性能最直观由滞回曲线闭合环的面积表征。通常滞回环越饱满、面积越大，结构耗能性能越好，反之，性能越差。耗能性能变化规律繁复，需要进行量化分析。目前，耗能性能的量化指标应用较多的包括等效粘滞阻尼系数、能量耗散系数、能量系数、功比系数等。

本书参考《抗震试验规程 2015》以及既有文献，选取了能量耗散系数及粘滞阻尼系数对结构耗能性能变化规律进行定量分析。

（1）能量耗散系数

能量耗散系数指结构在一个加载循环内能量耗散量与振幅最大处弹性势能的比值，故又称能量耗散比，可直观反映结构耗能性能。

图 3-12 所示为结构振幅达到最大时滞回环，能量耗散系数 E 主要通过面积表征能量进行比值运算：

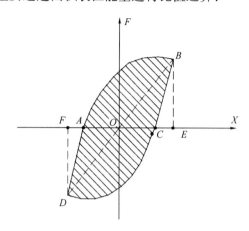

图 3-12　荷载-变形滞回环

$$E = \frac{S_{(ABC+CDA)}}{S_{(OBE+ODF)}} \qquad (3-4)$$

其中，$S_{(ABC+CDA)}$——滞回环包络面积，表征一个加载循环内能量耗散量；

$\qquad\quad S_{(OBE+ODF)}$——结构振幅最大处弹性势能。

（2）等效粘滞阻尼系数

由于结构耗能主要由塑性变形及粘滞阻尼实现。因此，等效粘滞阻尼系数 ζ_{eq} 也是作为重要耗能指标评估结构耗能。其计算与结构耗能相关：

$$\zeta_{eq} = \frac{1}{2\pi} \cdot \frac{S_{(ABC+CDA)}}{S_{(OBE+ODF)}} = \frac{E}{2\pi} \qquad (3-5)$$

结合滞回曲线数据，利用公式（3-4）、公式（3-5）计算得结构能量耗散系数 E 及等效粘滞阻尼系数，如表 3-3 所示。

结构耗能指标　　　　　　　　表 3-3

耗能指标＼模型	TC-1	TC-2	TC-3	TC-4	TC-5	TC-6	TC-S
耗能系数 E	3.356	3.202	3.425	3.024	2.992	1.620	2.759
阻尼系数 ζ_{eq}	0.534	0.510	0.545	0.481	0.476	0.258	0.439

注：本书耗能指标计算基于位移最大滞回环，即 $\varepsilon = 50\text{mm}$。

分析结构耗能，可得出以下结论：

（1）磷石膏墙框架模型耗能系数 $E=2.9\sim3.5$，粘滞阻尼系数 $\zeta_{eq}=0.47\sim0.55$；砌体墙框架模型耗能系数 $E=1.620$，粘滞阻尼系数 $\zeta_{eq}=0.258$；空框架模型耗能系数 $E=2.759$，粘滞阻尼系数 $\zeta_{eq}=0.439$；磷石膏墙框架结构耗能性能及粘滞阻尼系数明显大于其他结构形式，说明磷石膏墙体框架结构具有更优越的耗能能力及抗震性能，这主要得益于磷石膏墙体高强一体化的优点；砌体墙框架结构耗能性能不增反降，分析主要是砌体墙刚度作用下增大了结构受力，但墙体无法提供足够能量耗散放大的动力作用。

（2）门洞效应对结构耗能性能有一定影响，相较未开洞墙体，中间开洞与单侧开洞墙体耗能系数降低 11.71%、12.64%，分析主要是门洞效应破坏墙体整体性，改变了结构传力路径及应力分布；开洞位置对于结构抗震性能影响并不大。

（3）墙体高宽比不同（0.56/0.7/1）对结构耗能性能也存在一定影响，但影响程度不大，0.5 以内高宽比变化，对应耗能系数浮动保持在 3% 左右。

3.2.7　延性指标

结构延性指结构从屈服开始到达极限承载力 p_{max} 后而承载力降幅较小阶段的变形能力。结构延性性能是影响结构抗震的重要因素之一，通常延性越好，表明结构具有较好的塑性变形能力，在结构破坏前变形明具有显著预警性，同时塑性变形能力的增强可以提升结构耗能能力。

结构延性由延性指标进行评价，延性指标包括位移延性系数、曲率延性系数以及转角延性系数。本书采用位移延性系数 μ 对结构延性进行评估：

$$\mu=\frac{x_{u}}{x_{y}} \tag{3-6}$$

式中　　x_{u}——结构的极限位移；

　　　　x_{y}——结构的等效屈服位移

x_u、x_y 可以根据通用屈服弯矩作图法确定，如图 3-13 所示，过原点 O 作曲线切线 OA 与曲线顶点切线相较于点 A，过 A 作顶点切线垂线与曲线相较于点 B，连接 OB 并延长与顶点切线交于点 C，过 C 点作顶点切线垂线与曲线相交于与点 D，D 点对应的位移即结构的等效屈服位移 x_y，顶点对应荷载即极限荷载 p_{max}，关于极限位移 X_{max} 的确定，取 $P_u = 0.85 P_{max}$ 作水平线与曲线相交于 E、F 梁端，E 点对应屈服后的交点，其对应的位移即极限位移 x_u。

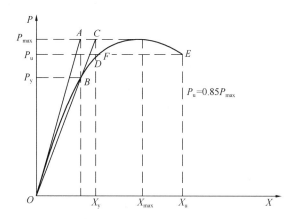

图 3-13　屈服弯矩作图法

根据弯矩作图法及公式（3-6）确定各模型位移延性系数 μ，如表 3-4 所示。

结构位移延性指标　　　　　　　　　　　表 3-4

延性指标＼模型	TC-1	TC-2	TC-3	TC-4	TC-5	TC-6	TC-S
延性系数 μ	4.984	6.272	6.587	4.193	3.409	3.381	4.431

对比分析表 3-3、表 3-4 可知：

（1）磷石膏墙框架模型位移延性系数 $\mu = 3.4 \sim 6.6$，砌体墙框架模型位移延性系数 $\mu = 3.381$，空框架模型位移延性系数 $\mu = 4.431$，表明磷石膏墙框架模型相对砌体墙框架及空框架模型延性性能较好，砌体墙框架结构延性性能最差，分析主要是磷石膏墙材料整体性好，相较于其他具有良好塑性变形能力，与框架结构协同工作，增强结构整体的延性性能；砌体墙由块材通过砂浆粘结而成，属于脆性材料，其对框架结构的约束作用很大程度上降低了框架的延性性能。

（2）模型延性系数 μ 越高，能量耗散系数越大，两者存在正相关关系。分析主要原因延性系数越大则结构塑性变形能力越强，塑性变形所转化的能量越多即结构能量耗散系数越大。

（3）门洞效应影响下磷石膏墙框架结构延性性能降低 36.3%、48.2%，说明门洞效应对结构延性性能影响较大，分析主要是门洞效应破坏了墙体的整体性，降低了墙体塑性变形能力；此外，中间开洞对结构延性削弱效果明显小于单侧开洞的影响。

3.3 影响因素分析

本书在建模过程中考虑了结构填充墙材料、高宽比、门洞效应（包括门洞位置）等因素对结构抗震性能的影响，试图探究各影响因素对结构抗震性能影响的作用机理以及相互之间的定量关系。

3.3.1 填充墙材料

框架结构中填充墙是结构抗震性能重要影响因素，本课题组研发的新型现浇磷石膏墙体具有节能高强的突出优点。本书建模中考虑磷石膏墙框架模型 TC-3、砌体墙框架模型 TC-6、空框架模型 TC-S 进行对比分析，验证磷石膏墙在框架结构抗震中的优越性，研究墙体材料对结构抗震性能的影响规律。如图 3-14、图 3-15 为三个模型的骨架曲线图、刚度退化图，表 3-5 为模型延性指标与耗能指标对比数据。

从图 3-14、图 3-15 及表 3-5 分析可知：

（1）磷石膏墙框架结构屈服荷载明显大于砌体墙框架及空框架结构。进行同口径比较，磷石膏墙框架结构 TC-3 承

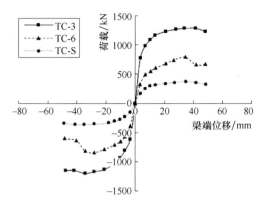

图 3-14　不同材料墙模型骨架曲线图

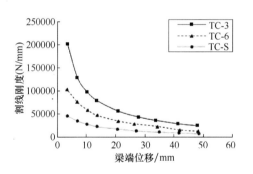

图 3-15　不同材料墙模型刚度退化曲线

模型耗能指标与延性指标　　　　　　表 3-5

模型 抗震指标	TC-1	TC-2	TC-3	TC-4	TC-5	TC-6	TC-S
位移延性系数 μ	4.984	6.272	6.587	4.193	3.409	3.381	4.431
能量耗散系数 E	3.356	3.202	3.425	3.024	2.992	1.620	2.759
粘滞阻尼系数 ζ_{eq}	0.534	0.510	0.545	0.481	0.476	0.258	0.439

载力是空框架结构的 3.49 倍，是砌体墙框架结构的 1.62

倍，分析主要由于磷石膏一体高强的特点，墙体与框架之间连接强度更高，保证了墙体与框架的整体抗震性，避免了砌体墙由于砂浆粘结力不足导致的墙体破坏，综合表现为磷石膏墙较砌体墙对结构承载力的贡献更大，更利于结构抗震。

（2）在达到荷载峰值后，磷石膏墙框架及空框架结构荷载平缓下降，而砌体填充墙骨架曲线在峰值点后出现急剧下降。分析主要由于砌体墙属于脆性材料，墙体开裂后迅速失效并退出工作，荷载转移由梁柱框架承担，因此出现荷载骤降后趋于稳定。说明磷石膏墙体较砌体墙具有更好延性性能。

（3）磷石膏墙框架结构 TC-3 初始刚度为 200.9563kN/mm，砌体墙框架结构 TC-6 为 103.9714 kN/mm，空框架结构 TC-S 为 45.4403kN/mm，TC-3、TC-6 相对 TC-S 刚度分别增大 3.42 倍、1.29 倍。说明磷石膏墙体较砌体墙对结构刚度贡献更大。

（4）3 组模型刚度退化曲线趋势相似，呈先急后缓的态势。屈服前，TC-3 退化最快，屈服后，TC-3 刚度趋于稳定，且始终大于 TC-6 及 TC-S，TC-6 与 TC-S 则在屈服后期逐渐重合，分析原因主要是墙体屈服后逐渐退出工作，尤其砌体填充墙，由于脆性材料的特点，墙体开裂屈服后迅速失效至完全退出工作，此时结构抗侧刚度主要由梁柱框架提供，TC-6 刚度逐渐与 TC-S 重合，而 TC-3 具有较好的延性及整体性，且墙体与框架结构之间连接强度更高，墙体屈服后仍可以部分参与荷载的分担。

3.3.2　填充墙高宽比

填充墙高宽比对结构抗震性能的影响较为显著，本书参考谢礼立、孔璟常关于填充墙孔洞效应研究，结合《建筑抗震设计规范》GB 50011—2010[77] 墙体高宽比规定，通过改变墙体宽度考虑 0.56（TC-2）、0.7（TC-3）、1（TC-1）三种高宽比模型进行对比分析。如图 3-16、图 3-17 为三个模型的骨架曲线图、刚度退化图。

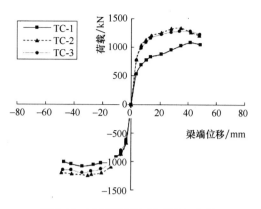

图 3-16　不同高宽比模型骨架曲线

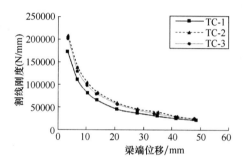

图 3-17　不同高宽比模型刚度退化曲线

从图 3-16、图 3-17 及表 3-5 分析可知：

（1）TC-1、TC-2、TC-3 的屈服荷载依次为 918.9kN、1137.1kN、1087.4kN，初始刚度依次为 172.0271kN/mm、207.5471kN/mm、200.9563kN/mm，随着高宽比的增大，结构屈服荷载依次降低 4.4％、15.5％，刚度依次降低 3.2％、14.4％。说明相同条件下墙体高宽比越大，结构屈服荷载、抗侧刚度越小。分析原因主要是墙体高度确定时，高宽比越大，墙体宽度越小，相同条件下墙体初始抗侧刚度较小，对应承载力相应较小。

（2）TC-1、TC-2、TC-3 的骨架曲线走势相似，均经历弹性阶段、强化阶段及屈服阶段，曲线区别主要在荷载特征点。对比分析发现：当高宽比介于 0.56～0.7 之间，随着高宽比的增大，结构屈服荷载降幅较小，最大降幅 4.4％，基本可以忽略高宽比变化对结构承载力的影响，当高宽比介于 0.7～1 之间，高宽比的增大，结构屈服荷载降幅最大达到 15.5%，屈服荷载对墙体高宽比变化响应灵敏。墙体高宽比对结构刚度影响规律同上，高宽比介于 0.56～0.7 时，结构刚度降幅受高宽比增大影响较小；高宽比介于 0.7～1 时，填充墙高宽比增大，结构刚度降幅明显。

（3）TC-1、TC-2、TC-3 的刚度退化曲线，均呈"先快后慢"退化趋势，加载后期 TC-1、TC-2、TC-3 刚度趋于相同。分析原因主要是加载后期，墙体逐渐屈服失效并逐步退出工作，结构所受大部分荷载主要由梁柱框架主体承担，墙体的刚度贡献随着墙体的屈服破坏削减殆尽，此时，结构的抗侧刚度主要由梁柱框架主体确定，表现为墙体屈服后，三组模型刚度逐渐逼近梁柱框架主体的抗侧刚度。

3.3.3 填充墙孔洞效应

填充墙在砌筑或浇筑过程中不可避免开洞以适应结构空间需要，门洞大小及位置对于填充墙抗震性能均有不同程度影响。本书考虑无开洞框架 TC-3，中间开门 TC-4 及单侧开门 TC-5 三种模型，进行对比分析，探究孔洞效应对模型的抗震性能影响。如图 3-18、图 3-19 为三个模型的骨架曲线图、刚度退化图。

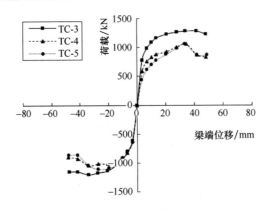

图 3-18　考虑孔洞效应模型骨架曲线

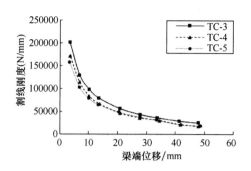

图 3-19　考虑孔洞效应模型刚度退化曲线

从图 3-18、图 3-19 及表 3-5 分析可知：

（1）无开洞框架 TC-3、中间开洞墙框架 TC-4 以及单侧开洞墙框架 TC-5 屈服荷载分别为 1087.4kN、893.4kN、899.7kN，初始刚度为 200.9563kN/mm、171.7202 kN/mm、162.9271 kN/mm，TC-4、TC-5 相较 TC-3 承载力降低了 17.8%、17.3%，初始刚度降低 14.5%、18.9%。说明门洞效应一定程度上降低了结构的承载力、初始刚度，门洞开洞位置对结构承载力、初始刚度影响较小，基本可以忽略。分析原因主要是门洞效应改变了结构传力路径及应力分布，破坏了墙体的整体性，导致墙体刚度及承载力下降。

（2）单侧开洞与中间开洞承载力相差仅 0.7%，初始刚度相差 5.1%。洞口位置对于结构承载力影响基本可以忽略，对初始刚度影响也不大，中间开洞相较单侧开洞对结构刚度削弱作用稍小，两者的区别主要在于开洞引起的墙体应力分布及传力路径的改变，对结构整体影响较小。

（3）TC-3、TC-4、TC-5 的刚度退化曲线走势相似，前期三组模型刚度退化均较快，加载后期随着墙体逐渐屈服，三组模型刚度退化放缓并相互逼近。分析原因主要是加载后期，墙体逐渐屈服失效，墙体对结构刚度影响减弱，此时，结构的抗侧刚度主要由梁柱框架主体提供，表现为墙体屈服后，三组模型刚度逐渐逼近框架主体的抗侧刚度。

3.4　本章小结

本章通过对 7 组填充墙框架结构进行有限元建模分析，考虑填充墙墙体材料、墙体高宽比以及孔洞效应对结构抗震性能影响，探究各影响因素对结构抗震性能影响的作用机理及相关定量关系，得出以下结论：

（1）结构在低周往复荷载作用下，框架填充墙结构破坏历程大致可分为三个阶段：弹性阶段、墙体屈服阶段及结构破坏阶段；磷石膏墙框架结构较砌体墙框架结构表现出更好的延性及耗能能力；墙体高应力区基本呈带状分布，等效塑性应变呈"X 形"分布，门洞效应会影响结构应力、应变分布，门洞角点位置出现应力集中，应变也较突出，但墙体对角线依然存在带状高应力区域。

（2）磷石膏墙框架模型耗能系数 $E = 2.9 \sim 3.5$，粘滞阻尼系数 $\xi_{eq} = 0.47 \sim 0.55$；砌体墙框架模型耗能系数 $E = 1.620$，粘滞阻尼系数 $\xi_{eq} = 0.258$；空框架模型耗能系数 $E = 2.759$，粘滞阻尼系数 $\xi_{eq} = 0.439$，磷石膏墙框架模型位移延性系数 $\mu = 3.4 \sim 6.6$，砌体墙框架模型位移延性系数 $\mu = 3.381$，空框架模型位移延性系数 $\mu = 4.431$；磷石膏墙框架结构耗能性能、粘滞阻尼系数及位移延性系数明显大于其他结构形式，说明磷石膏墙体框架结构具有更优越的耗能能力、延性性能，这主要得益于磷石膏墙体高强一体化的优点。

（3）模型延性系数 μ 越高，能量耗散系数 E 越大，两者存在正相关关系。分析主要原因延性系数越大则结构塑性变形能力越强，塑性变形所转化的能量越多即结构能量耗散系数越大。

（4）磷石膏墙框架结构 TC-3 承载力是 TC-S 的 3.49 倍，TC-6 的 1.62 倍，初始刚度分别是 TC-6、TC-S 的 1.93 倍、4.42 倍，表明磷石膏墙较砌体墙对结构初始刚度及承载力的贡献更大。

（5）随着高宽比的增大，结构屈服荷载依次降低 4.4%、15.5%，刚度依次降低 3.2%、14.4%。说明相同条件下墙体高宽比越大，结构屈服荷载、抗侧刚度越小；当高宽比介于 0.56～0.7 之间，随着高宽比的增大，结构屈服荷载、刚度降幅较小，基本可以忽略高宽比变化对结构承载力及刚度的影响，当高宽比介于 0.7～1 之间，结构屈服荷载及刚度降幅受高宽比变化影响较大，结构屈服荷载、刚度对墙体高宽比变化响应灵敏。

（6）TC-4、TC-5 相较 TC-3 承载力降低了 17.8%、17.3%，初始刚度降低 14.5%、18.9%。说明门洞效应一定程度上降低了结构的承载力、初始刚度。单侧开洞与中间开洞承载力相差仅 0.7%，初始刚度相差 5.1%，门洞开洞位置对结构承载力、初始刚度影响较小，基本可以忽略，其中中间开洞较单侧开洞对结构刚度削弱作用稍小。

（7）综合考虑三种因素，墙体材料、门洞效应及墙体高宽比对结构抗震性能均有一定影响，其中墙体材料的影响最显著，新型现浇磷石膏墙体的抗震性能明显优于普通砌体填充墙框架结构。

第 4 章
现浇磷石膏墙体
RC 框架结构周期折减系数

4.1　填充墙对结构周期折减系数的影响

通过上述分析，验证了填充墙对结构抗震性能的影响。但由于填充墙布置形式多样且刚度运算较为繁复，在结构设计中填充墙作为非结构构件，将其重力作为外荷载施加于框架结构计算模型上，填充墙对于结构的刚度贡献则通过周期折减系数进行粗泛估算。《高规 2010》4.3.16 规定，计算各振型地震影响系数所采用的结构自振周期应考虑非承重墙体的刚度影响予以折减。4.3.17 条规定通过周期折减系数考虑填充墙刚度对结构整体刚度的影响，具体取值见表 4-1。但规范并未给出具体取值参考，且对其他填充墙体，如新型现浇墙体并未作出补充规定。因此，在进行结构设计时，只能由设计人员根据结构形式及工程经验估算取值，对于设计人员的专业要求较高，且不利于结构规范设计。尽管，填充墙在结构设计中考虑为非结构构件，但实际地震中仍参与了结构地震剪力的分配，分担了部分地震作用，规范中仅通过周期折减系数考虑了填充墙刚度贡献导致的地震作用放大效应，却忽略了填充墙抗震的有益贡献。因此，关于填充墙对结构抗震性能影响以及周期折减系数取值仍有待进一步研究。

《高层建筑混凝土结构技术规程》的周期

折减系数　　　　　　　　　　　表 4-1

填充墙类型	框架结构	框架—剪力墙结构	框架—核心筒结构	剪力墙结构
JGJ 3—2002 的实心砖填充墙	0.6～0.7	0.7～0.8	无	0.9～1.0
JGJ 3—2010 的砌体墙	0.6～0.7	0.7～0.8	0.8～0.9	0.8～1.0

周期折减系数用以表征填充墙刚度影响导致结构周期的折减，其定义式：

$$\alpha = \frac{T_1}{T} \tag{4-1}$$

其中，T_1——有填充墙时结构自振周期；

T——无填充墙时结构自振周期。

由定义式（4-1）知，周期折减系数的计算主要通过考虑填充墙结构前后自振周期的比值计算。关于结构周期计算方法，在诸多教材以及规范等参考文献中有相应规定。

根据动力学原理，单自由度体系周期计算公式：

$$T = 2\pi\sqrt{\frac{m}{k}} \tag{4-2}$$

其中，m——结构质量；

k——结构抗侧刚度。

多自由度体系对应多个自振周期，一般随自振周期顺序的增加对结构影响逐渐减弱。在结构设计中通常考虑质量作为永久荷载作用于结构上，因此，在周期计算中填充墙以及结构刚度的计算是关键。

（1）不计取填充墙结构自振周期

目前结构设计中，对结构自振周期较多采用的经验公式，我国《高规 2010》、《建筑结构荷载规范》GB 50009—2012[78]（以下简称《结构荷载规范 2012》）、《高层民用建筑钢结构技术规程》JGJ 99—2015[79]（以下简称《高层钢结构规程 2015》）中均给出了自振周期的估算方法。

关于较规则框架结构自振周期计算《高规 2010》规范中给出了相对简单的估算方法：

$$T = (0.08 \sim 0.1)n \tag{4-3}$$

其中，n——为结构层数。

对于高层混凝土框架结构《结构荷载规范 2012》推荐了估算方法：

$$T = 0.25 + 0.53 \times 10^{-3} \frac{h^2}{\sqrt[3]{d}} \tag{4-4}$$

其中，h——结构的总高度；

d——沿着地震力作用方向的结构宽度。

《高层钢结构规程 2015》建议结构设计估算时采用：

$$T = 0.1n \qquad (4\text{-}5)$$

除了规范推荐的计算公式，国内外学者在结构周期计算研究中也取得了一定成果，包括基于经验公式的变式：

$$T = 0.22 + \frac{0.035H}{\sqrt[3]{B}} \qquad (4\text{-}6)$$

其中，H——结构总高度；

　　　B——结构总宽度。

修正的经验公式，相对规范仅根据层数估算，更全面考虑了楼层高宽比对结构周期的影响，但仅适用于高度小于 30m，外形相对规则的框架结构。

此外，《建筑抗震设计手册（第二版）》[80] 中，推荐了应用较广泛能量法：

$$T_i = 2\pi \sqrt{\frac{\sum_{i=1}^{n} G_i u_i^2}{g \sum_{i=1}^{n} G_i u_i}} \qquad (4\text{-}7)$$

其中，G_i——结构第 i 层重力；

　　　u_i——结构各层水平荷载为 G_i 作用下第 i 层水平位移。

能量法概念明确，计算简便。另外，计算框架结构自振周期的理论计算方法还有矩阵迭代法、瑞利-里兹法、集中质量法等方法，这些都是以上述方法为基础进行改进而得到的更为精准的方法。

（2）计取填充墙结构自振周期

由于填充墙材料、门洞效应以及高宽比等因素对填充墙刚度均有不同程度影响，实际填充墙数量以及布置位置差别对结构整体刚度亦会产生较大影响，考虑工况较为复杂，因此，计取填充墙结构周期折减系数相关研究中，对结构自振周期计算进行了适当的简化。

欧洲规范针对计取填充墙结构特点，给出了自振周期计算推荐公式：

$$T_i = C_t h^{0.75} \tag{4-8}$$

式中　　C_t——填充墙布置修正系数，取 $\dfrac{0.075}{\sqrt{A_c}}$，$A_c = \sum A_t(0.2 + l_{w1}/h_1)$；

　　　　A_i——结构第一层第 i 个填充墙截面面积；

　　　　l_{wi}——结构第一层第 i 个填充墙长度；

　　　　h_1——结构第一层填充墙墙高。

该公式概念明确，考虑了填充墙布置位置对结构周期的影响，但 C_t 仅考虑了底层填充墙的布置，且适用于 40m 以下钢筋混凝土框架结构周期计算，由于不同国家地区对于结构设计标准控制不同，故该公式具有一定区域、结构局限性。美国、菲律宾等也基于国内工程实际，考虑填充墙高度及宽度对结构周期影响，拟合出计取填充墙框架结构自振周期计算公式。国内抗震规范并未明确区分计取填充墙与不计取填充墙周期计算方法，仅普适性给出相对粗略的估算方法，方便工程设计，但却不便于进行深化设计。对此，国内相关学者进行了相应的深化研究工作。

兰州大学陈婷婷[81]提出等效刚度的方法推算出不同填充墙周期折减系数计算方法。

$$\alpha = \frac{T_1}{T} = \sqrt{\frac{k}{k + k_1}} = \sqrt{\frac{1}{1 + k_1/k}} \tag{4-9}$$

$$K = \frac{1}{\dfrac{H^3}{12EI} + \dfrac{\zeta H}{GA}} = \frac{12EIA}{H(H^2A + 36I)} \tag{4-10}$$

其中，K——不计取填充墙结构抗侧刚度；

　　　K_1——填充墙抗侧刚度；

　　　ζ——剪应力分布均匀系数，矩形截面取 1.2；

　　　G——剪切模量，参考《砌体结构设计规范》GB 50007—2011，$G = 0.4E$；

　　　H——墙体高度。

等效刚度法通过对公式（4-1）的拓展变式，直接推导出周期折减系数与结构及填充墙刚度之间的关系，明确了填充墙刚度对结构周期折减系数的影响规律 α 与 $\sqrt{k_1}$ 之间大致存在反比关系即随着填充墙刚度的增大，结构周期折减系数逐渐减小。

由于周期折减系数分析工作需要对结构整体进行模态分析且折减系数公式需要大量样本数据进行拟合，故此一般条件下难以通过试验研究达成。除进行理论推导进行计算式变式，大部分学者采用有限元分析结合部分缩尺结构试验进行研究。哈尔滨工业大学谢礼立院士、北京交通大学杨庆山教授、西南交通大学李力教授等通过有限元结合试验方法研究了轻质砌块填充墙刚度影响下 RC 框架、钢桁架结构周期折减系数，并给出了对应结构在不同工况下周期折减系数的建议值。由于新型现浇磷石膏墙体属于新型墙体，目前尚处于研发推广阶段，因此针对性研究尚未完备，由于相关地震工程实例较少，关于新型墙体对结构抗震性能及周期折减系数影响研究成果尚未见诸报端，故本书通过有限元分析软件研究新型墙体对结构周期折减系数影响，界定新型墙体结构周期折减系数建议值，并尝试拟合新型墙体各影响因素与周期折减系数公式。

4.2 磷石膏及砌体填充墙 RC 框架结构模型

《高规 2010》建议当主要考虑填充墙的刚度影响时，应根据填充墙的材料特性、开洞情况、沿竖向和平面分布特点等综合考虑，一般钢筋混凝土框架结构按弹性计算的自振周期，其折减系数建议如下取值（墙长、多、开洞少而小者取小值）：

（1）弹性（多遇地震）计算：空心砖填充墙体：0.7～0.9；轻质墙体：0.8～0.9；

（2）弹塑性（罕遇地震）验算：空心砖填充墙体：0.8～1.0；轻质墙体：0.9～1.0。

《建筑地基基础设计规范》GB 50007—2011[82]（以下简称《地基规范 2011》）规定，周期折减系数需根据填充墙的填充率、填充墙开洞情况，其对结构自振周期影响的不同，可取 0.50～0.90。

综上，填充墙刚度对结构抗震性能影响显著，且影响效果主要由填充墙材料特性、开洞情况以及填充墙分布情况等因素确定。在第 3 章中对单榀框架的研究亦证明了门洞效应以及材料属性不同对结构抗震性能的影响。

故此，本书按填充墙刚度影响因素分类建模，通过模态分析计算结构周期折减系数，以考虑不同工况下填充墙刚度变化对结构抗震性能影响。通过数值分析结果对比研究，给出结构周期折减系数建议取值表，以便于工程应用。因此，本书模型均基于一定工程实际，进行适当结构简化以便于数值模拟及分析。

由于填充墙实际开洞情况较为复杂，无法完全考量，因为本书通过填充率综合考量填充墙孔洞效应及填充墙数量对结构抗震性能影响。如图 4-1 所示为模型结构示意图。

模型采用 12 层 4 跨 RC 框架结构，建筑总高度为 43.2m，占地面积为 683.04m²，为便于分离式建模，模型进行了适当简化，两个方向各跨均为 6400mm，层高为 3600mm，混凝土采用 C35，梁、柱、板纵筋取 HRB400 级（Ⅲ级），箍筋均取 HPB300 级（Ⅰ级），楼板厚度 120mm。

场地抗震设防烈度 6 度、设计地震分组第一组、中软场地土Ⅱ类场地。设计基本地震加速度值为 0.05g，抗震设防类别属乙类建筑，抗震等级为三级，查得最大地震影响系数 0.04 建筑结构阻尼比取 0.05。

考虑结构设计荷载，恒载为结构自重（包括墙体），为便于加载计算，活载仅考虑楼面荷载取 2.0kN/m²，如表 4-2 所示为结构设计荷载取值表。

设计荷载取值 表 4-2

恒载	屋面活荷载（kN/m²）	楼面活荷载（kN/m²）	风荷载（kN/m²）
结构自重	0.0	2.0	0.0

为分析填充墙材料、孔洞效应、数量以及布置形式对结构周期影响，本书按第 2 章框架结构建模方法，通过

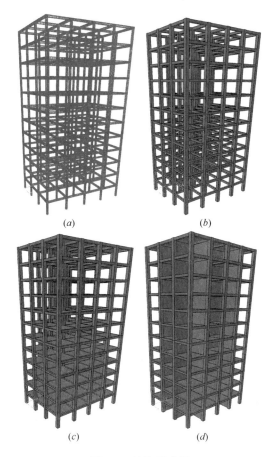

图 4-1　结构示意图

(a) RC 框架结构钢筋骨架；(b) RC 框架结构梁柱骨架；

(c) 不带填充墙框架结构 ；(d) 带填充墙框架结构

Abaqus 调整填充墙参数改变模型方案，研究各参数与模型周期之间影响规律。如表 4-3 所示为模型方案。如图 4-2 所示为填充率为 50% 时填充墙三种布置形式。

框架结构模型方案　　　　　表 4-3

	材料	填充率	填充位置	高跨尺寸	墙体尺寸
KJ-1		0		3.6m×6.4m	3.3m×5.9m
KJ-2	磷石膏	25%	均匀（中间）	3.6m×6.4m	3.3m×5.9m
KJ-3	磷石膏	75%	均匀（中间）	3.6m×6.4m	3.3m×5.9m

	材料	填充率	填充位置	高跨尺寸	墙体尺寸
KJ-4	磷石膏	100％		3.6m×6.4m	3.3m×5.9m
KJ-5	磷石膏	50％	上部	3.6m×6.4m	3.3m×5.9m
KJ-6	磷石膏	50％	底部	3.6m×6.4m	3.3m×5.9m
KJ-7	磷石膏	50％	中间	3.6m×6.4m	3.3m×5.9m
KJ-8	加气块	50％	中间	3.6m×6.4m	3.3m×5.9m

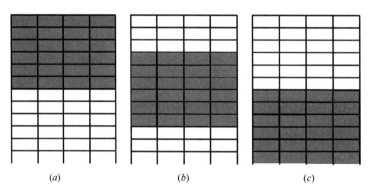

图 4-2　填充率为 50％时布置形式
（a）上部；（b）中部；（c）底部

4.3　计算结果分析

自振周期作为结构重要动力特征，反映了结构形式、刚度等诸多信息，是研究结构在动力荷载作用下动力响应重要参数。通过对以上 8 组模型进行模态分析，可以输出结构各阶振型及周期等模态信息，本书通过填充墙框架结构与空框架结构各阶周期的对比，分析填充墙对结构周期折减系数的影响，如表 4-4、4-5 为各组模型各阶周期及周期比信息。

各模型各阶自振周期　　　　　　　表 4-4

阶数	KJ-1	KJ-2	KJ-3	KJ-4	KJ-5	KJ-6	KJ-7	KJ-8
1	1.923	1.329	1.007	0.839	1.163	0.864	1.108	1.440
2	1.809	1.168	0.924	0.746	0.979	0.735	0.955	1.346

续表

阶数	KJ-1	KJ-2	KJ-3	KJ-4	KJ-5	KJ-6	KJ-7	KJ-8
3	1.301	0.974	0.814	0.719	0.940	0.709	0.895	1.002
4	0.668	0.459	0.388	0.342	0.390	0.376	0.371	0.467
5	0.460	0.356	0.333	0.288	0.337	0.287	0.322	0.413
6	0.435	0.347	0.298	0.256	0.301	0.264	0.287	0.363
7	0.412	0.311	0.277	0.237	0.296	0.244	0.267	0.328
8	0.369	0.306	0.254	0.223	0.285	0.232	0.254	0.313
9	0.357	0.281	0.243	0.214	0.254	0.201	0.248	0.308
10	0.330	0.275	0.237	0.193	0.238	0.192	0.228	0.296
11	0.310	0.254	0.214	0.169	0.221	0.175	0.211	0.274
12	0.277	0.231	0.187	0.164	0.210	0.168	0.207	0.238

各模型各阶自振周期比 表 4-5

阶数	T2/T1	T3/T1	T4/T1	T5/T1	T6/T1	T7/T1	T8/T1
1	0.691	0.524	0.436	0.605	0.449	0.576	0.749
2	0.645	0.510	0.412	0.541	0.406	0.528	0.744
3	0.749	0.625	0.552	0.722	0.545	0.688	0.770
4	0.688	0.580	0.513	0.584	0.563	0.556	0.699
5	0.773	0.724	0.625	0.732	0.622	0.699	0.898
6	0.796	0.684	0.589	0.692	0.606	0.659	0.833
7	0.753	0.671	0.575	0.717	0.591	0.647	0.795
8	0.830	0.687	0.604	0.773	0.628	0.688	0.847
9	0.786	0.681	0.598	0.710	0.563	0.694	0.861
10	0.833	0.718	0.586	0.721	0.582	0.692	0.899
11	0.819	0.689	0.545	0.712	0.563	0.680	0.884
12	0.835	0.677	0.592	0.760	0.606	0.749	0.858

由于地震作用下，结构的第一自振周期对结构的影响最大，故本书选取第一自振周期比表征结构周期折减系数[83～84]，如表 4-6 所示为各模型周期折减系数。

各模型周期折减系数 表 4-6

模型	KJ-2	KJ-3	KJ-4	KJ-5	KJ-6	KJ-7	KJ-8
周期折减系数	0.691	0.524	0.436	0.605	0.449	0.576	0.749

由表 4-4、4-5、4-6 分析可知：

（1）带填充墙框架结构周期普遍小于空框架结构，分析主要由于墙体刚度贡献导致结构周期减小；

（2）各组模型各阶周期随阶数增高逐渐减小；

（3）周期比随各阶振型阶数增高逐渐增大即墙体刚度对结构周期的影响随阶数增高逐渐减小；

（4）考虑墙体填充率 25%～100%，墙体均匀分布时，磷石膏墙体 RC 框架结构周期折减系数大致介于 0.43～0.7 之间，实际取值可根据墙体填充率及布置形式确定。

4.4　影响因素分析

4.4.1　填充墙材料

由 4.3 节结果，可以初步验证结构周期折减系数与填充墙墙体材料、填充墙填充率以及布置位置相关，但影响机理及规律仍需进一步对比探讨。本书通过同口径对比方法研究各影响因素对结构周期折减系数的影响因素。

由表 4-6 及图 4-3 可知：KJ-7、KJ-8 周期折减系数分别为 0.576、0.749，KJ-7 相对 KJ-8 减小了 23.1%，说明磷石膏墙体较普通砌体填充墙对结构周期影响更显著，分析原因是磷石膏墙体相较普通砌体墙对框架刚度贡献更大，这与

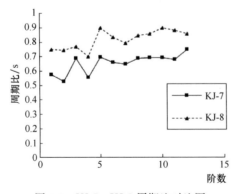

图 4-3　KJ-7、KJ-8 周期比对比图

3.3.1 节结论相印证。

4.4.2　填充墙填充率

《地基规范 2011》规定，周期折减系数需根据填充墙的填充率情况对结构自振周期影响的不同，可取 0.50～0.90。填充率对结构周期折减系数的影响在 4.3 节中得到初步验证。本节通过对比分析 KJ-2、KJ-3、KJ-4、KJ-7 对 KJ-1 周期折减系数，探究框架结构墙体填充率对结构周期影响规律。如表 4-7 所示为不同填充率对应结构周期折减系数信息。如图 4-4 所示为四组模型周期比对比图。如图 4-5 所示为四组模型周期折减系数与填充率关系曲线。

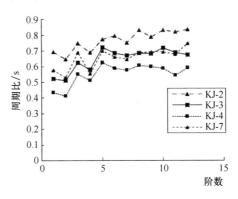

图 4-4　四组模型周期比对比图

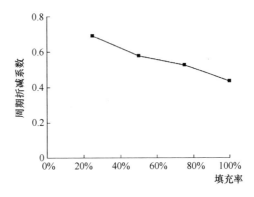

图 4-5　不同填充率对应结构周期折减系数

不同填充率模型周期折减系数　　　　　表 4-7

填充率	25%	75%	100%	50%（上部）	50%（底部）	50%（中间）
周期折减系数	0.691	0.524	0.436	0.605	0.449	0.576

由表 4-7 及图 4-4、4-5 可知：

（1）KJ-2、KJ-3、KJ-4、KJ-7 周期折减系数分别为 0.691、0.524、0.436、0.576，随着填充率的提升，结构周期折减系数降低了 17.5%、9.0%、16.8%，说明填充墙填充率对结构周期影响较显著，随着填充率的提升，结构周期折减系数逐渐减小。分析原因是随着填充率的提升，墙体填充数量增大，其对结构的刚度贡献越显著，表现为周期折减系数的逐次降低。

（2）由 KJ-2、KJ-3、KJ-4、KJ-7 周期折减系数与填充率之间存在相关关系，本书建议实际工程中可参考表 4-7 数据，以填充率为变量采取插值法进行取值。

4.4.3　填充墙布置位置

《高规 2010》规定确定结构周期折减系数应根据填充墙的材料特性、开洞情况、沿竖向和平面分布特点等综合考虑。说明墙体布置形式对于结构周期有一定影响，这一点在 4.3 节中已初步验证。本节通过对比分析 KJ-5、KJ-6、KJ-7 对 KJ-1 周期折减系数，探究框架结构墙体布置形式对结构周期影响规律。如图 4-6 所示为三组模型周期比对比图。

由表 4-7 及图 4-6 可知：KJ-5、KJ-6、KJ-7 周期折减系数分别 0.605、0.449、0.576，其中填充墙均匀分布在底部的时候，墙体对结构周期影响最大，相对上部及中部，周期折减系数降低了 25.8%、22.0%，说明填充墙布置形式对结构周期有一定影响，其中底部分布对结构周期影响最显著，中部次之，上部最弱。

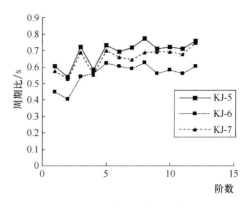

图 4-6　三组模型周期比对比图

4.5　本章小结

本书通过对结构的模态分析，探究了墙体材料、填充率及墙体布置位置等因素对结构周期折减系数的影响机理及规律，其主要结论如下：

（1）填充墙对结构的刚度贡献，引起结构周期折减，考虑墙体填充率 $25\%\sim100\%$，墙体均匀分布时，磷石膏墙体 RC 框架结构周期折减系数大致介于 $0.43\sim0.7$ 之间，同口径比较明显小于砌体墙对应折减系数。

（2）随着阶数的增高，各模型周期折减系数普遍增大，表明填充墙对结构周期影响减弱。

（3）对比 KJ-2、KJ-3、KJ-4、KJ-7 周期折减系数，发现随着填充墙填充率的提升，结构周期折减系数降低了 17.5%、9.0%、16.8%，说明填充墙填充率对结构周期影响较显著，随着填充率的提升，结构周期折减系数逐渐减小。

（4）填充率相同时，填充墙在底部均匀分布时，墙体对结构周期影响最大，中部次之，上部最弱。

第 5 章
结论与展望

5.1　结论

关于砌体填充墙对结构抗震性能影响问题国内外学者已进行了大量研究工作，但由于新型现浇磷石膏墙体尚处于研发推广阶段，目前针对新型现浇磷石膏墙体对结构抗震性能影响研究工作尚未见诸报道。此外，规范对磷石膏墙体影响下结构周期折减系数尚未明确，普通砌体墙影响下的结构周期折减系数也无细化指标。理论研究工作未能及时跟进，难以指导结构抗震设计，一定程度上阻碍了新型墙体的应用、推广。

基于此，本书通过有限元模拟单榀框架结构低周往复加载作用，考虑门洞效应、高宽比、墙材等参数变化调整模型，对比分析砌体墙与磷石膏墙体对框架结构抗震性能影响，探究新型磷石膏墙体与框架结构之间相互作用关系及机制。基于工程实际建立 12 层框架结构模型，考虑填充率、布置形式等参数变化调整模型，通过模态分析，探究现浇磷石膏填充墙框架结构周期折减系数，细化周期折减系数取值标准，并给出周期折减系数建议值，以便指导结构抗震设计，为相关研究提供参考。

通过对 7 组单榀框架模型抗震性能分析及 8 组 12 层填充墙框架结构模态分析，本书取得了以下有益结论：

（1）结构在低周往复荷载作用下，框架填充墙结构破坏历程大致可分为三个阶段：弹性阶段、墙体屈服阶段及结构破坏阶段；墙体高应力区基本呈带状分布，等效塑性应变呈"X形"分布，门洞效应会影响结构应力、应变分布，但墙体对角区域依然存在高应力带。

（2）磷石膏墙体框架结构具有更优越的耗能能力、延性性能及更高的承载力，这些有利抗震因素主要得益于磷石膏墙体高强一体化的优点。

（3）同条件下墙体高宽比越大，结构屈服荷载、抗侧刚度越小。当高宽比介于 0.56~0.7 之间，随着高宽比的增大，结构屈服荷载、刚度降幅较小，基本可以忽略高宽比变化对结构承载力及刚度的影响，当高宽比介于 0.7～1 之间，结构屈服荷载及刚度降幅受高宽比变化影响较大，结构屈服荷载、刚度对墙体高宽比变化响应灵敏。

（4）墙体材料、门洞效应及墙体高宽比对结构抗震性能均有一定影响，其中墙体材料的影响最显著，门洞效应与门洞位置关系不大。

（5）填充墙对结构的刚度贡献，引起结构周期折减，考虑墙体填充率 25%～100%，墙体均匀分布时，磷石膏墙体 RC 框架结构周期折减系数大致介于 0.43～0.7 之间，同口径比较明显小于砌体墙对应折减系数，建议磷石膏墙体周期折减系数按表 4-7 取值，介于特征之间的填充率，可采用插值法取值。

（6）填充墙填充率对结构周期影响较显著，随着填充率的提升，结构周期折减系数逐渐减小。填充率相同时，填充墙在底部均匀分布时，墙体对结构周期影响最大，中部次之，上部最弱。

5.2 展望

新型现浇磷石膏墙体作为一种新型高强节能墙体，相较传统砌体填充墙结构，表现出优越的抗震性能，具有较高的应用推广价值。本书的研究工作及时补充了磷石膏墙体对结构抗震性能及周期折减系数影响的理论研究工作，并取得了相关有益结论。但限于技术条件及个人精力，本书尚存在不足之处，需要继续开展深入研究工作。

（1）本书仅通过数值分析研究了磷石膏墙体对框架结构抗震性能影响，亟需开展相关试验工作与有限元分析进行对比研究，以更深入探究磷石膏墙体开裂形式及墙体与梁柱连接位置的破坏等。

（2）影响结构抗震性能的因素较多，如墙体材料、高宽比、高厚比、墙体孔洞大小、位置以及墙体与梁柱之间连接等，本书根据既有文献及工程实际仅选取了影响程度较高的因素，涵盖因素仍不够全面，墙体高厚比、孔洞大小以及梁柱之间连接等因素对结构抗震性能影响是下一步研究重点。

（3）考虑到模型体量及计算难度，本书通过单榀填充墙框架结构的低周往复荷载研究墙体对结构抗震性能影响，仅反映了单榀框架下填充墙对结构抗震性能影响，且拟静力加载无法完全模拟墙体实际受地震作用。如何简化多榀框架结构模型，并通过地震波加载研究需要进一步探讨。

（4）本书通过模态分析研究了填充墙材料、填充率以及布置形式对结构周期折减系数影响，实际结构周期折减系数受到墙体高宽比、高厚比等因素影响且填充墙布置形式实际工况较多，本书并未完全考虑以上因素，这也是本课题组下一阶段需要完成的研究工作。

参 考 文 献

[1] 李旭东. 轻质砌体填充墙 RC 框架结构抗震性能试验研究[D]. 黑龙江：哈尔滨工业大学，2013.

[2] 刘书玉. 填充墙对 RC 框架结构抗震性能的影响[D]. 四川：西南交通大学，2011.

[3] JGJ 3—2010 高层建筑混凝土结构技术规程[S]. 北京：中国建筑工业出版社，2010.

[4] 杨帆. 填充墙对 RC 框架结构抗震性能影响研究[D]. 四川：西南交通大学，2011.

[5] 史卫国. 浅谈高层建筑施工中抗震措施的实施[J]. 中国科技博览，2012，03(17)：78-79.

[6] 王涛. 不同设计方法控制 RC 框架结构强震破坏模式效果的对比分析[D]. 重庆：重庆大学，2013.

[7] 龙炳煌. 建筑与桥梁抗震设计原理[M]. 湖北：武汉理工大学出版社，2013.

[8] 丁国华. 高层钢筋混凝土结构抗震设计浅析[J]. 城市建设理论研究(电子版)，2013(19)：1-2.

[9] 赵鹏. 框架结构震害特征简析及三维灾害场景实现初步[D]. 北京：中国地震局工程力学研究所，2010.

[10] 牛季收. 建筑墙体砌块材料应用研究[D]. 湖北：华中科技大学，2006.

[11] 张华刚，梁凡凡，罗场等. 基于现浇磷石膏的节能与结构一体化新型墙体结构及其应用[J]. 贵州大学学报（自然科学版），2013，30(1)：104-110.

[12] 李青. 从 IPS 结构自保温体系谈节能与结构一体化[J]. 城市建设理论研究，2014，12(10)：101-102.

[13] 王京雷，于佳，马永. 建筑节能与结构一体化技术浅谈[J]. 城市建设理论研究(电子版)，2013，12(20)：75-76.

[14] 闫丕春，周学军，安明之等. SK 装配式墙板自保温建筑体系研究[J]. 建筑科技，2012，11(1)：58-59.

[15] 戴文婷，王滋军，刘伟庆等. 节能与结构一体化技术在我国的研究应用现状[J]. 混凝土与水泥制品，2013，21(12)：80-83.

[16] 纪京喆. CS 板式高层住宅结构研究[D]. 天津：天津大学，2013.

[17] 姚谦峰. 抗震、保温、快捷、环保密肋壁板结构节能住宅体系[J]. 建筑科技. 2005，05(16)：1-2.

[18] 黄炜，张程华，姚谦峰等. 密肋壁板结构简化计算模型对比分析[J]. 振动与冲击. 2009，28(07)：187-191.

[19] 王其明. 现浇石膏外墙钢筋砼高层网格盒式筒中筒结构研究与应用[D]. 天津：天津大学，2012.

[20] 马克俭，高国富，张华刚等. 节能与结构一体化新型钢筋混凝土结构体系[J]. 贵州工业大学学报(自然科学版)，2008，37(4)：33-43.

[21] 郑兵. 二水磷石膏粉煤灰复合胶凝材料的改性研究[D]. 湖北：武汉理工大学，2011.

[22] 王知录 杨立. 现浇石膏内隔墙施工工法[J]. 建筑·建材·装饰. 2013，09(6)：57-62.

[23] 王浩，吴智勇. 石膏在建筑工程中的应用[J]. 科学与财富. 2011，07(7)：182-183.

[24] Benjamin J. R，Williams H. A. The Behavior of One-Story Shear Walls[J]. Journal of the Structural Division，Proceedings of the American Society of CivilEngineers，1958，84(4)：308-326.

[25] MallickDV，SevenRT. The behavior of infilled frames under static loading[C]. Proceedings of the Institution of Civil Engineers，1968，66(5)：639-657.

[26] Fiorato AE，Sozen M A，Camble W L. An investigation of the interaction of reinforced concrete frames with masonry fillers walls [R]. University of Illinois，1970.

[27] 尹之潜，李树桢，程志萍等. 一座七层框架结构的模拟地震试验[J]. 地震工程与工程振动，1984，04(12)：22-24.

[28] Liauw T. C，Kwan K. H. Unified Plastic Analysis for Infilled Frames [J]. Journal of Structural Engineering (ASCE). 1985，111(7)：1427～1448.

[29] 童岳生，钱国芳. 砖填充墙钢筋混凝土框架在水平荷载作用下结构性能的试验研究[J]. 西安冶金建筑学院学报. 1982，01(2)：1-3.

[30] J. L. Dawe，C. K. Seah. Out-of-plane resistance of concrete masonry infilled panels [J]. Canadian Journal of Civil Engineering.

1989(16)：854-864.

[31] R. Angel，D. P. Abrams，D. Shapiro，J. Uzarski，M. Webster. Behavior of rein-forced concrete frames with masonry infills ［R］. Department of Civil Engineering，University of Illinois，Urbana-Champaign，IL，USA 1994.

[32] 曹万林，庞国新，李云霄. 轻质填充墙异形柱边框架抗震性能试验研究[J]. 地震工程与工程振动. 1997，17(2)：106～112.

[33] Ghassan A . C，Mohsen L，Steve . S . Behavior of masonry-infilled nonductile reinforced concrete frames[J]. ACI Structure Journal，2002，136(4)：347-356.

[34] 管克俭，李捍无，彭少民. 空腔结构复合填充墙-钢框架抗侧力性能试验研究[J]. 世界地震工程，2003，19(3)：73-77.

[35] 戴绍斌，余欢，黄俊. 填充墙与钢框架协同工作性能非线性分析[J]. 地震工程与工程振动，2005，25(03)：24-28.

[36] 银英姿，李斌，申向东. 含填充墙钢管混凝土框架抗震性能[J]. 辽宁工程技术大学学报(自然科学版)，2009，28(4)：574-577.

[37] 黄群贤. 新型砌体填充墙框架结构抗震性能与弹塑性地震反应分析方法研究[D]. 福建：华侨大学，2011.

[38] 孔璟常，翟长海，李爽，谢礼立. 砌体填充墙 RC 框架结构平面内抗震性能有限元模拟 [J]. 土木工程学报，2012，45(增刊2)：137-141.

[39] 孔璟常. 砌体填充墙 RC 框架结构平面内抗震性能数值模拟研究[D]. 黑龙江：哈尔滨工业大学，2011.

[40] 王晓虎. 砌体填充墙 RC 框架结构平面外抗震性能[D]. 黑龙江：哈尔滨工业大学，2011.

[41] 郭庆生. 带填充墙钢交错桁架结构的抗震性能研究[D]. 北京：北京交通大学，2013.

[42] S. V. Polyakov. On the interactions between masonry filler walls and enclosing frame when loaded in the plane of the wall ［C］. Moscow：Translations in Earth-quake Engineering Research Institute，1956.

[43] M. Holmes. Steel frames with brickwork and concrete filling ［C］. Proceedings of the Institute of Civil Engineers，1961，19 (6501)：473-478.

[44] B. Stafford Smith B. Behavior of square infilled frames[J]. Jour-

nal of the Structural Division(ASCE). 1966，92(1)：381-400.

[45]　Mainstone R. J. On the stiffnesses and strengths of infilled frames [C]. Proc，Instn. Civ. Engrs，1971，Supp. （ⅳ），57-90.

[46]　Bazan E，Meli R. Seismic analysis of structures with masonry walls [J]. Proc. ，7th World Conf. on Earthquake Engrg，Istanbul，1980，Vol. 5. 633-640.

[47]　Doudoumis IN. A mathematical programming incremental formulation for unilateral frictional contact problems of linear elasticity [J]. Appl Anal. 2003，82(6)：503 – 515.

[48]　Saneinejad A，Hobbs B. Inelastic design of infilled frames [J]. Journal of Structural Engineering，ASCE，1995. 121（4），634-650.

[49]　Roger D Flanagan，Richard M Bennett. In-Plane behavior of structural clay tile infilled frames [J]. Journal of Structural Engineering，1999，125(6)：590-599.

[50]　Buonopane SG，White RN. Pseudodynamic Testing of Maso infilled Reinforced Concrete Frame [J]. Journal of Structural Engineering，1999，125(6)：578-589.

[51]　Wael W. El-Dakhakhni，Mohamed Elgaaly，Ahmad A Hamid. Three-strut model for concrete masonry-infilled steel frames [J]. Journal of Structural Engineering. 1999，129(2)：177-185.

[52]　Crisafulli F. J，Carr A. J，Park R. Analytical modelling of infilled frame structures-A General Review [J]. Bulletin of the New Zealand Society for Earthquake Engineering，2000，30(1) 30-47.

[53]　刘耀新. 砖填充墙框架房屋的抗震设计研究[J]. 建筑技术通讯，1983，3(2)：10-15.

[54]　Thiruvengadam V. On the natural frequencies of infilled frames [J]. Earthquake Engineering and Structural Dynamics，1985，13(4)：401-419.

[55]　曹万林，王光远，吴建有等. 轻质填充墙异形柱框架结构层刚度及其衰减过程的研究[J]. 建筑结构学报，1995，16(5)：20-31.

[56]　Ray W. Clough. The Finite Element in Plane Stress Analysis

[J]. Journal of Structural Engineering（ASCE），1960，21（3）：256-267.

[57] Riddington JR，Smith S B. Analysis of Infilled Frames Subject to Racking with Design Recommendations［J］. The Structural Engineer，1977，55（6）：85-102.

[58] EI Haddad，MH. Finite Element Analysis of Infilled Frames Considering Cracking and Separation Phenomena［J］. Computers&Struetures，1991，41（3）：62-85.

[59] 刘建新. 填充墙框架结构的一种新的抗震计算模型[J]. 工程抗震，1994，3（1）：22-25.

[60] Asteris P G. A method for the modeling of infilled frames (method of contact points)［A］. In：Asteris P G. Proc 11th World Conf. on Earthquake Engineering[C]. Acapulco：Mexico，1996：52-66.

[61] Mehrabi A B，Shing P B. Finite Element Modeling of Masonry-infilled Reinforced Concrete Frames［J］. Journal of Structural Engineering，1997，123（5）：152-175.

[62] 江传良，冼巧玲. 钢筋混凝土结构非线性有限元分析[J]. 科学技术与工程，2005，25（17）：1323-1324.

[63] 徐珂. ABAQUS 建筑结构分析应用[M]. 北京：中国建筑工业出版社，2013.

[64] Stavridis A. Analytical and experimental study of seismic performance of reinforced concrete frames infilled with masonry walls［D］. San Diego：University of California，2010.

[65] GB 50010—2010. 混凝土结构设计规范[S]. 北京：中国建筑工业出版社，2010.

[66] GB 1499.1—2008. 钢筋混凝土用钢第 1 部分：热轧光圆钢筋[S]. 北京：中国标准出版社，2013.

[67] GB 1499.2—2007. 钢筋混凝土用钢第 2 部分：热轧带肋钢筋[S]. 北京：中国标准出版社，2008.

[68] GB 50003—2012. 砌体结构设计规范[S]. 北京：中国建筑工业出版社，2012.

[69] CECS 289—2011. 蒸压加气混凝土砌块砌体结构技术规范[S]. 北京：中国计划出版社，2011.

[70] 李军. 混凝土空心砌块的破坏模拟[D]. 甘肃：兰州理工大

学，2007.

[71] 刘桂秋．砌体结构基本受力性能的研究［D］．湖南：湖南大学，2005.

[72] 张中脊，杨伟军．蒸压灰砂砖砌体弯曲抗拉强度试验研究［J］.新型建筑材料，2009，13(5)：43-47.

[73] 吴琴，张华刚，贾晓飞等．现浇磷石膏应力应变曲线试验研究［J］.建筑结构学报，2015，36(5)：150-157.

[74] 梁凡凡，张华刚，罗场．现浇磷石膏弹性模量和泊松比的初步试验研究［J］.贵州大学学报（自然科学版），2013，30(2)：82-85.

[75] 卢亚琴，张华刚，罗场．现浇磷石膏墙体研究及性能试验分析［J］.工业建筑，2014，44(4)：60-64.

[76] JGJ/T 101-2015，建筑抗震试验方法规程［S］.北京：中国建筑工业出版社，2015.

[77] GB 50011-2010，建筑抗震设计规范［S］.北京：中国建筑工业出版社，2010.

[78] GB50009-2012.建筑结构荷载规范［S］.北京：中国建筑工业出版社，2012.

[79] JGJ99-2015.高层民用建筑钢结构技术规程［S］.北京：中国建筑工业出版社，2015.

[80] 龚思礼．建筑抗震设计手册（第二版）［M］.北京：中国建筑工业出版社，2002.

[81] 陈婷婷，张敬书，金德保，冯立平，姚远．不同种类填充墙周期折减系数取值的分析［J］.工程抗震与加固改造，2013，35(4)：48-53.

[82] GB50007-2011建筑地基基础设计规范［S］.北京：中国建筑工业出版社，2011.

[83] 魏翠玲，王红军，宋建勋．填充墙框架结构自振周期折减系数研究［J］.低温建筑技术，2013(12)：84-86.

[84] 李国强，李杰，苏小卒，等．建筑结构抗震设计［M］.北京：中国建筑工业出版社，2009.